"十二五"国家重点出版规划项目

高性能纤维技术丛书

对位芳香族聚酰胺纤维

马千里　李常胜　田　明　编著

国防工业出版社

·北京·

内容简介

本书在概述对位芳香族聚酰胺纤维的商业化进程及发展趋势的基础上,详细介绍了对位芳纶聚合物及纤维的工程化制备工艺技术,阐述了纤维的物理化学性质与纤维结构,介绍了对位芳纶在防弹和橡胶领域及其他工业领域的应用,最后分析了全球对位芳纶的知识产权现状。

本书对从事对位芳香族聚酰胺纤维及其复合材料的研发和生产的工程技术人员具有重要参考价值。

图书在版编目(CIP)数据

对位芳香族聚酰胺纤维/马千里,李常胜,田明编著.
—北京:国防工业出版社,2018.8
(高性能纤维技术丛书)
ISBN 978-7-118-11666-3

Ⅰ.①对… Ⅱ.①马…②李…③田… Ⅲ.①芳香族聚酰胺纤维 Ⅳ.①TQ342

中国版本图书馆 CIP 数据核字(2018)第 178670 号

※

*国防工业出版社*出版发行

(北京市海淀区紫竹院南路 23 号 邮政编码 100048)
国防工业出版社印刷厂印刷
新华书店经售

*

开本 710×1000 1/16 印张 12¾ 字数 243 千字
2018 年 8 月第 1 版第 1 次印刷 印数 1—2000 册 定价 68.00 元

(本书如有印装错误,我社负责调换)

国防书店:(010)88540777 发行邮购:(010)88540776
发行传真:(010)88540755 发行业务:(010)88540717

序

Foreword

从 2000 年起,我开始关注和推动碳纤维国产化研究工作。究其原因是,高性能碳纤维对于国防和经济建设必不可缺,且其基础研究、工程建设、工艺控制和质量管理等过程所涉及的科学技术、工程研究与应用开发难度非常大。当时,我国高性能碳纤维久攻不破,令人担忧,碳纤维国产化研究工作迫在眉睫。作为材料工作者,我认为我有责任来抓一下。

国家从 20 世纪 70 年代中期就开始支持碳纤维国产化技术研发,投入了大量的资源,但效果并不明显,以至于科技界对能否实现碳纤维国产化形成了一些悲观情绪。我意识到,要发展好中国的碳纤维技术,必须首先克服这些悲观情绪。于是,我请老三委(原国家科学技术委员会、原国家计划委员会、原国家国防科学技术工业委员会)的同志们共同研讨碳纤维国产化工作的经验教训和发展设想,并以此为基础,请中国科学院化学所徐坚副所长、北京化工大学徐樑华教授和国家新材料产业战略咨询委员会李克建副秘书长等同志,提出了重启碳纤维国产化技术研究的具体设想。2000 年,我向当时的国家领导人建议要加强碳纤维国产化工作,中央前后两任总书记均对此予以高度重视。由此,开启了碳纤维国产化技术研究的一个新阶段。

此后,国家发改委、科技部、国防科工局和解放军总装备部等相关部门相继立项支持国产碳纤维研发。伴随着改革开放后我国经济腾飞带来的科技实力的积累,到“十一五”初期,我国碳纤维技术和产业取得突破性进展。一批有情怀、有闯劲儿的企业家加入到这支队伍中来,他们不断投入巨资开展碳纤维工程技术的产业化研究,成为国产碳纤维产业建设的主力军;来自大专院校、科研院所的众多科研人员,不仅在实验室中专心研究相关基础科学问题,更乐于将所获得的研究成果转化为工程技术应用。正是在国家、企业和科技人员的共同努力下,历经近十五年的奋斗,碳纤维国产化技术研究取得了令人瞩目的成就。其标志:一是我国先进武器用 T300 碳纤维已经实现了国产化;二是我国碳纤维技术研究已经向最高端产品技术方向迈进并取得关键性突破;三是国产碳纤维的产业化制备与应用基础已初具规模;四是形成了多个知识基础坚实、视野开阔、分工协作、拼搏进取的“产学研用”一体化科研团队。因此,可以说,我国的碳纤维工程技术和产业化建设已经取得了决定性的突破！

同一时期，由于有着与碳纤维国产化取得突破相同的背景与缘由，芳纶、芳杂环纤维、高强高模聚乙烯纤维、聚酰亚胺纤维和聚对苯撑苯并二噁唑(PBO)纤维等高性能纤维的国产化工程技术研究和产业化建设均取得了突破，不仅满足了国防军工急需，而且在民用市场上开始占有一席之地，令人十分欣慰。

在国产高性能纤维基础科学研究、工程技术开发、产业化建设和推广应用等实践活动取得阶段性成就的时候，学者专家们总结他们所积累的研究成果、著书立说、共享知识、教诲后人，这是对我国高性能纤维国产化工作做出的又一项贡献，对此，我非常支持！

感谢国防工业出版社的领导和本套丛书的编辑，正是他们对国产高性能纤维技术的高度关心和对总结我国该领域发展历程中经验教训的执着热忱，才使得丛书的编著能够得到国内本领域最知名学者专家们的支持，才使得他们能从百忙之中静下心来总结著述，才使得全体参与人员和出版社有信心去争取国家出版基金的资助。

最后，我期望我国高性能纤维领域的全体同志们，能够更加努力地去攻克科学技术、工程建设和实际应用中的一个个难关，不断地总结经验、汲取教训，不断地取得突破、积累知识，不断地提高性能、扩大应用，使国产高性能纤维达到世界先进水平。我坚信中国的高性能纤维技术一定能在世界强手的行列中占有一席之地。

师昌绪

2014 年 6 月 8 日于北京

师昌绪先生因病于 2014 年 11 月 10 日逝世。师先生生前对本丛书的立项给予了极大支持，并欣然做此序。时隔三年，丛书的陆续出版也是对先生的最好纪念和感谢。——编者注

前言

Preface

　　对位芳香族聚酰胺纤维是由 85% 以上的酰胺键直接连接到芳香族基团对位(1,4-位)所构成的线形大分子组成的纤维,简称为对位芳纶。对位芳纶主要有三种:一是聚对苯甲酰胺(PBA)纤维,国内简称为芳纶 I 或芳纶 14;二是聚对苯二甲酰对苯二胺(PPTA 或 PPDT)纤维,国内简称为芳纶 II 或芳纶 1414;三是在芳族聚酰胺主链上含有三种结构单元(如 ODA),国内称为芳纶 III。如某种结构单元为杂环结构(如 DAPBI)时,则称为杂环芳纶。其中,PPTA 纤维是最先实现商业化的对位芳纶产品,也是本书讨论的重点。它是由美国孟山都(Monsanto)、杜邦(Dupont)、苏联 VNIIV 和荷兰阿克苏·诺贝尔(Akzo-Nobel)数家公司经过 20 多年的研究,最终由美国杜邦公司于 1972 年率先实现商业化,商品名 Kevlar®。随后,荷兰阿克苏·诺贝尔的 Twaron® 和日本帝人(Teijin)的 Technora® 分别于 1986 年和 1987 年先后推向市场。2000 年,帝人公司收购阿克苏的对位芳纶业务。之后,美国和日本两家公司数次扩产,产能均达到 30000t/年。由于具有极高的技术和知识产权壁垒,全球对位芳纶的技术和市场被杜邦和帝人公司控制数十年之久。进入 21 世纪,韩国可隆(Kolon)和晓星(Hyosung)公司实现了对位芳纶的工业化生产,全球对位芳纶的供应格局被打破。

　　我国从"六五"期间起,清华大学、中国科学院化学研究所、上海合成纤维研究所和东华大学等科研机构就开始跟踪国外对位芳纶的聚合机理和纺丝工艺研究,但工程化关键技术问题一直没有突破。"十一五"期间,我国"863"计划对位芳纶项目启动,极大地推动了国产化进程。2011 年,烟台泰和新材料股份有限公司千吨级对位芳纶生产线建成投产。中蓝晨光化工研究院有限公司、苏州兆达特纤有限公司、中国神马集团、河北硅谷化工有限公司、仪征化纤股份有限公司等企业也建成了对位芳纶产业化或中试装置。

　　与国外领先的技术和成熟的市场相比,我国对位芳香族聚酰胺纤维产业仍处于初级阶段,在工艺装备、产品质量、成本控制和下游应用技术开发等多方面存在较大差距。扩大产能规模、降低生产成本、完善产业链和提高市场竞争力是国产对位芳香族聚酰胺纤维产业未来发展的重点。

　　自《芳香族高强纤维》(*Aromatic High-Strength Fiber*,1989)和《凯夫拉芳纶纤

维》(*Kevlar Aramid Fiber*,1993)两本对位芳纶专著出版以来,杜邦和帝人公司的对位芳纶业务经历了巨大的变化和发展。未来 10 年,预计我国的对位芳纶产业将实现快速发展。

本书是我国第一本系统阐述对位芳香族聚酰胺纤维生产及应用技术的专业书籍,由来自高校、研究所和企业的科研人员共同执笔编著,具有鲜明的"产学研用"结合特色。编著者均是承担国家"863"计划新材料领域"对位芳纶纤维及应用关键技术"和"国产芳纶Ⅱ复合材料制备及应用关键技术"课题单位的核心研究人员,代表了我国当前该领域的发展水平。本书集中反映了我国在对位芳纶生产制备、防弹和橡胶复合材料等领域的最新研究成果,有一定的理论深度,更突出了工程化技术和应用技术。尤其是在知识产权方面的分析研究,对我国企业增强知识产权意识,应对国际竞争具有重要的意义。

本书共分 9 章,编写分工如下:第 1 章、第 2 章和第 3 章由马千里编写;第 4 章、第 5 章和第 6 章由李常胜编写;第 7 章由田明编写;第 8 章由邱召明编写;第 9 章由朱晓娜编写。本书由马千里、李常胜和田明统一定稿。

本书编写过程中,得到烟台泰和新材集团有限公司孙茂健董事长、国家芳纶工程技术研究中心宋西全主任的大力支持,以及军事科学院系统工程研究院军需工程技术研究所黄献聪高工的精心指导,在此一并表示感谢!

作者
2017 年 10 月

目录

Contents

第 1 章

绪　论

　　芳香族聚酰胺（Aromatic Polyamide），于 20 世纪 60 年代由美国杜邦公司发明并实现商业化，被誉为 20 世纪人类材料史上最伟大的发明之一。1974 年，美国联邦贸易委员会（FTC）开始正式采用"芳纶"（Aramid）[1] 来命名芳香族聚酰胺并沿用至今："一种人造纤维的全称，它们的成纤物质是长链合成聚酰胺，其中至少 85% 的酰胺键直接连接在芳香基团上。"国际标准化组织（ISO）将芳纶属名进行了拓展和补充[2]，即"由酰胺键或亚酰胺键连接芳香族基团所构成的线形大分子组成的纤维，至少 85% 的酰胺键或亚酰胺键直接与两个芳环相联接，且当亚酰胺键存在时，其数值不超过酰胺键数"。目前，我国也采用相同的命名[3]。当这些芳香基团是对位取代（Para-oriented）时，则为对位芳香族聚酰胺，简称对位芳纶（Para-aramid）。

　　对位芳香族聚酰胺主要有三种：一是聚对苯甲酰胺（PBA）纤维，国内简称为芳纶Ⅰ或芳纶 14；二是聚对苯二甲酰对苯二胺（PPTA 或 PPDT）纤维，国内简称为芳纶Ⅱ或芳纶 1414；三是在芳香族聚酰胺主链上含有三种结构单元（如 ODA），国内称为芳纶Ⅲ。如某种结构单元为杂环结构（DAPBI）时，则称为杂环芳纶。其中，PPTA 纤维是最先实现商业化的对位芳纶产品，占对位芳纶市场的 95% 以上，也是本书讨论的重点。芳纶Ⅲ和杂环芳纶的产量较少，只应用于某些特殊领域。三种对位芳纶的大分子结构式如图 1-1 所示。

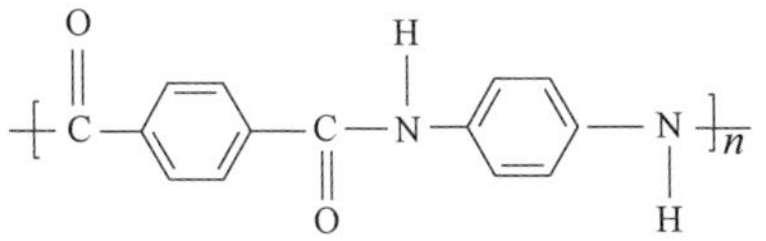

(a)

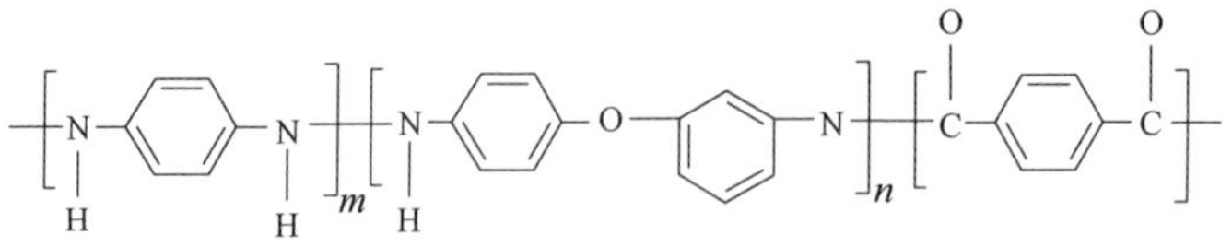

(b)

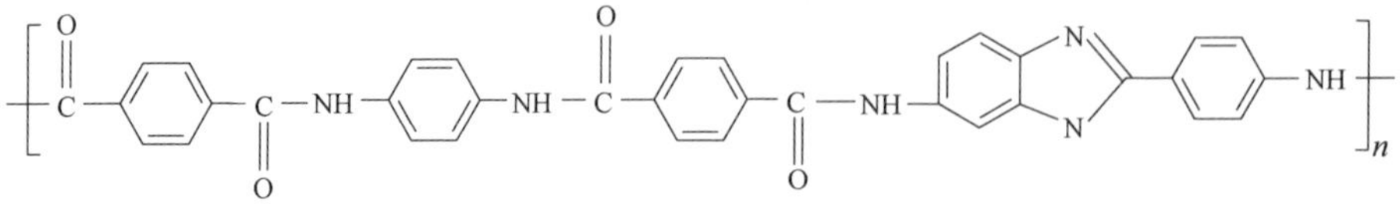

(c)

图 1-1　三种典型的对位芳纶的大分子结构式

（a）PPTA（Kevlar 或 Twaron）;（b）ODA/PPTA（Technora）;（c）杂环芳纶（Armos 或 Rusar）。

1.1　对位芳香族聚酰胺纤维发展历史

1.1.1　国外对位芳香族聚酰胺纤维发展历史

对位芳香族聚酰胺(凯夫拉®)的发明是继尼龙之后,世界化纤发展史上又一个重要的里程碑事件,又一个成功的、典型的工业（商业）化案例。它的发展经历了研究发明、工程化技术放大、市场开发和商业化应用三个阶段,杜邦（Dupont）、孟山都（Monsanto）和阿克苏·诺贝尔（Akzo-Nobel））等数十家公司都对对位芳香族聚酰胺纤维的产业化做出了贡献。杜邦和阿克苏两大化工巨头之间展开了十年之久的知识产权诉讼[4],研发过程中的许多鲜为人知的细节也由此公布于众[5]。这个案例对分析和研究我国高性能纤维的发展创新路径以及产学研用创新机制都具有重要的借鉴和指导意义。

1.1.1.1　研究发明阶段

1. 杜邦公司

在尼龙和聚酯纤维实现商业化以后,为进一步巩固对竞争对手的技术领先优势,杜邦公司在 1948 年提出一项长期的新纤维发展计划。其中的两个重要目标是开发具有石棉的耐热性能和玻璃纤维的刚性的超级合成纤维,以满足轮胎、降落伞及防弹等重要领域的需求。实验结果表明,芳香族聚酰胺是最有前景的高强高模纤维材料,由此开启了芳香族聚酰胺聚合物和纤维的研发工作。P. W. Morgan, Stephanie Kwolek, Thomas Bair 及 Herbert Blade 等科学家（图 1-2）分别在高分子量 PPDT 的合成、高浓度 PPDT/H$_2$SO$_4$ 液晶溶液的制备和空气隙纺丝（干喷湿纺）工艺优化等方面取得了重大突破,成功制备了高强高模的 PPDT 纤维。

图 1-2　凯夫拉®纤维的主要发明者[6]

（从左向右依次为：Dr. Paul Morgan, Dr. Herbert Blades and Stephanie Kwolek）

1962 年至 1974 年，P. W. Morgan, Stephanie Kwolek 和 Thomas Bair 等合成几十种芳香族聚酰胺聚合物，确立了高分子量对位芳香族聚酰胺的合成工艺条件[7]。1964 年，S. L. Kwolek 合成出聚对苯甲酰胺（PBA）聚合物，同时发现了对位芳香族聚酰胺溶液的液晶性质。1965 年，Kwolek 采用湿法和干法纺丝工艺制备了金黄色 PBA 纤维（Fiber-B），这是杜邦公司第一个成功纺制的高模量对位芳香族聚酰胺纤维，PBA 纤维被列为高强高模纤维计划的理想方案，并启动了项目代号 PRD-27 的商业化进程。

由于 PBA 单体非常昂贵，聚合制造成本太高，给规模化生产带来困难，因此杜邦公司启动了研发低成本的对位芳香族聚酰胺项目计划，PPDT 由此成为备选方案。与 PBA 相比，PPDT 的成本低，但纺丝速度低和纤维的力学强度差的突出问题亟需解决。

1968 年，Thomas Bair 发现许多芳香族聚酰胺聚合物在 100% 的浓硫酸中形成各向异性溶液，且在纺丝过程中几乎不降解，从而提高了芳香族聚酰胺的溶解性能和溶液浓度。但当时湿法纺丝的溶液浓度范围在 9.5% ~ 12%（质量分数），纺丝温度也仅限于常温（30 ~ 40℃）。

1969 年，Herbert Blade 加入 PRD-27 项目组，主要负责试验 PRD-27 和 PPDT 液晶溶液的湿法纺丝成形。在一次内部评审会后，在 Peter Boettcher 的建议下，Blade 采用空气层纺丝（干喷湿纺）工艺成功纺制了 PPDT（代号 PRD-44）纤维，纤维的卷绕速度和拉伸比有了显著提高，但纤维的力学性能没有改进。

1970 年 4 月 16 日，Blade 采用自主设计的双筒混合装置，在 95℃下将特性黏度(IV)4.0 的 PPDT 和 100.2% 浓硫酸混合溶解,制备了浓度 20%(质量分数)的 PPDT/H_2SO_4 纺丝溶液,在 100℃ 下顺利纺丝,成功制得断裂强度 18g/den（1 den = 0.111112 × 10^{-6} kg/m）的长丝。在 Blade 提交上述结果后,杜邦公司便启动了 PRD-58 项目。最终,PPDT 凭借毋庸置疑的性价比优势,取代 Fiber-B 实现了工业化,并正式确定商品名为凯夫拉®(Kevlar®)。

2. 孟山都公司

孟山都公司的 H. S. Morgan 首次采用干喷湿纺纺丝工艺制备芳香族聚酰胺纤维[8],杜邦公司的 Blade 受此启发大幅提高了 PPDT 纤维的力学性能和纺丝速度,为最终实现产业化做出了巨大的贡献。

此外,孟山都公司还发明了一种含有噁二唑结构的高强高模对位芳香族聚酰胺纤维,命名为 X-500,并于 1967 年建成了中试线,开始批量生产 X-500 纤维。

3. 阿克苏·诺贝尔

1970 年,阿克苏·诺贝尔科学家 Leo Vollbracht 开启了高强纤维的研究。1975 年,他采用 N-甲基吡咯烷酮/氯化钙(NMP/$CaCl_2$)取代了致癌性溶剂六甲基磷酰胺(HMPA)溶剂体系制备了高分子量 PPDT,并于 1981 年获得专利授权[9]。1985 年,阿克苏建成了对位芳纶工业化装置,纤维商品名为特瓦隆®(Twaron®)。

1.1.1.2　工程化技术放大阶段

要把 PPDT 高强高模纤维的实验室发明成果真正实现商业化,下一步是进行规模放大(Scale-up),以便进行市场开发。在这一阶段的主要任务是解决 HMPA 热稳定性和化学稳定性差及致癌性问题,并有效处置纺丝产生的废硫酸溶液,以满足大规模生产对经济性、职业健康和安全环保的要求。1975 年,在证实了 HMPA 的致癌性后,寻找一种相对安全的溶剂便成了杜邦公司的当务之急。最初杜邦公司打算从阿克苏获得新型溶剂的许可,但又不希望阿克苏成为对位芳纶市场的竞争对手,双方谈判破裂后导致了长期的专利冲突,最终杜邦公司用 NMP/$CaCl_2$ 溶剂体系代替了 HMPA 溶剂。废硫酸溶液的处理,则采用石灰石中和生成石膏的方案得以解决。1972 年,杜邦公司建成 PPDT 纤维的市场开发装置(MDF),次年生产凯夫拉®(Kevlar®)纤维 1000000 磅(约 450t);1977 年,凯夫拉®纤维产量达到 15 × 10^6 磅(约 6800t);1988 年,凯夫拉®产量达到 45 × 10^6 磅(约 20000t)。

1.1.1.3　市场开发和商业化应用阶段

在研发和工程化放大的技术障碍都取得突破后,为凯夫拉®这种新纤维寻找潜在的市场成为更大的挑战。凯夫拉®除了在应用价值上要有别于现有的尼龙、玻璃纤维和钢丝,其定价体系也须具备经济性。在早期的应用开发阶段,杜邦公司就认识到凯夫拉®这种新纤维不会自动适用于现有的轮胎、防弹、复合材料和绳索、缆绳等应用领域。每一项应用都必须看作一个"系统"而采取系统的方法加以研究和开发。

应用开发系统方法的四面体模型如图1-3所示。在四面体模型的左下角表示化学结构,如聚合物的组成;右下角表示物理结构,如取向度、结晶度;后底角表示纤维性能,如拉伸性能或表面特征。化学结构、物理结构和纤维性能可看作分子工程和加工工程等基础工程技术,这三者之间持续不断地迭代非常重要。在四面体的顶点表示复合材料结构,需要依靠基础技术的创造性集成来产生先进的复合材料结构。部件、机件和物件等设计标准的选择对凯夫拉®的发展至关重要。这是一项极其复杂的系统工程,不仅需要不同专业的人才,更需要与下游客户合作完成。这里仅列举绳索和复合材料两个应用案例。

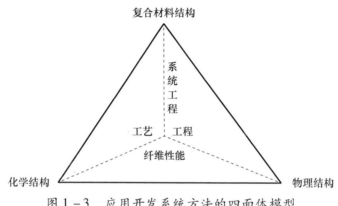

图1-3 应用开发系统方法的四面体模型

1. 凯夫拉®用于隔水管张力器(海水波动平衡装置)

隔水管张力器用于固定海上浮动钻井平台,通常采用直径44mm钢丝绳。当平台移动时需要在滑轮上经受无数次循环往复。凯夫拉®纤维具有高比强度、低伸长、低蠕变等优异性能,在空气中的比强度是钢丝的7倍,在海水中可高达20倍。长距离钢丝绳的自重是一个关键问题,凯夫拉®可提供更高的有效荷载。实验室结果显示,直径很小的凯夫拉®绳索的滑轮循环性能也远远超过钢丝绳。但当把直径放大到44mm,凯夫拉®绳索循环使用寿命只有钢丝绳的5%~10%。研究分析发现,捻绳的内应力随着直径增加而急剧增大。当绳索移动时,捻绳内部的径向挤压压力随着捻度增加而急速升高,导致绳索与滑轮间产生大量的摩擦热、内部磨损和剪切疲劳。

杜邦公司与钢丝绳公司合作,通过优化结构设计,使凯夫拉®绳索的寿命提高了50倍。具体做法如下:一是将每股的直径尺寸由一种增加到三种,减小了内外层交差,从而使绳索结构更加致密,利于均匀分散横向载荷;二是给每股绳索加上碳氟化合物浸渍的编织套,起到润滑作用,显著降低摩擦、生热、磨损及内剪切应力;三是优化加捻螺旋角度,使径向挤压力降至最低且不影响绳索性能。最终,凯夫拉®绳索的实验室使用寿命达到钢丝绳的 3 倍,实际使用寿命达到钢丝绳的 5 倍。

2. 凯夫拉®纤维在飞机复合材料中的应用

以凯夫拉®、碳纤维和环氧树脂作为基础材料,通过系统技术制备凯夫拉®/碳纤维增强环氧树脂复合材料,获得力学性能和损伤容限的最佳平衡,即承受损伤及在毁灭性冲击下生存的能力。碳纤维刚度和压缩强度高,但是刚性共面环结构不易弯曲,会发生脆性断裂而失效,故不能承受毁灭性的冲击。

由于 PPDT 高分子链的压缩屈曲,凯夫拉®纤维能通过韧性压缩失效模式而承受损伤。在 0.5% 压缩应变下,对位芳纶高分子酰胺 C—N 键旋转产生构象变化,即由反式结构变为顺式结构,在外力作用下分子键不断裂而屈服。这导致在受到冲击情况下发生折叠。凯夫拉®增强复合材料是渐进式失效模式,结构虽然破坏但保持完整,仍能承载;而碳纤维增强复合材料在失效前能保持较高的承载,在毁坏过程中吸收更多的能量。

将凯夫拉®/碳纤维混用能综合平衡不同材料的性能,达到高吸能和破碎结构完整的效果,因此应用于 B767、B757 和 B737 商用飞机,以及直升机和支线飞机。

综上所述,杜邦公司在芳香族聚酰胺聚合物的组成、液晶纺丝、工程化放大和商业化推广等关键环节都做出了巨大的贡献,凯夫拉®也一度成为对位芳纶纤维的代名词;而孟山都和阿克苏·诺贝尔等公司在干喷湿纺技术以及聚合溶剂体系的改进方面的成就也是毋庸置疑。

1.1.2 国内对位芳香族聚酰胺纤维发展历史

我国对位芳纶的研究和发展具有显著的时代特征,根据创新机制和主体的不同大致可划分为三个阶段。

1.1.2.1 1972—1995 年,政府主导、高校院所为研究主体

我国从 20 世纪 70 年代开展对位芳纶的研究,在“六五”期间正式布局对位芳纶纤维国产化工作,由当时的“三委两部(国家计委、国家科委、国防科工委、化工部、纺织部)”组织实施。化工部岳阳化工研究院和晨光化工研究院负责 PPTA 聚合物合成工艺技术;纺织部上海合成纤维研究所和华东纺织工学院(现东华大学)负责纺丝工艺技术。1978—1981 年,中国科学院化学研究所、清华大学、华东纺织工学院和上海合成纤维研究所等单位相继开展了 PPTA 合成和纺丝工艺的基础理论研究,完成了间歇法制备 PPTA 的小试,岳阳化工研究院开展了连续缩聚的工艺研究。上述研究成果为 PPTA 的工程化设计提供了重要的理论依据。1982 年,化工部给晨光化工研究院正式下达了 PPTA 连续聚合设备的

设计、制造任务,并列入国家科委"六五"计划[10]。1984 年,晨光化工研究院在南通建成了 PPTA 连续缩聚试验装置,通过了 72h 连续运转考核,制得的 PPTA 树脂的特性黏度(η_{inh})大于 5.0。经上海合成纤维研究所纺丝,试纺对位芳纶的纤维强度大于 20g/den,初始模量大于 500g/den,断裂伸长率为 3.0% ~ 3.5%,为产业化打下了基础。之后,PPTA 的研制又连续列入国家"七五"和"八五"计划。由于以政府为主导、以高校院所为主体的研发机制不符合技术创新的规律,加上国内整体工业水平低下,关键设备的耐腐蚀性和单体纯度均达不到连续生产要求,故未能实现 PPTA 的工业化生产。在随后的 10 年(1996—2005 年),我国又启动了杂环芳纶纤维的研制,PPTA 纤维的产业化研究几乎陷入了停滞。

1.1.2.2　2006—2015 年,政府引导,企业为主体,产学研用相结合的创新模式

"十一五"期间,我国已确立了政府引导,企业为主体的创新机制,形成了从基础研究、工程化技术开发到下游应用一体化的、产学研用相结合的创新组织模式。2008—2015 年,我国先后组织实施了"863"计划重点项目"对位芳纶纤维及应用关键技术(2008AA031600)"、"国产芳纶Ⅱ复合材料制备及应用关键技术(2009AA03A209)"、高技术产业化专项"对位芳纶高技术产业化示范工程(发改办高技[2009]214 号)"以及 973 计划项目"高性能芳纶纤维制备过程中的关键科学问题(2011CB606100)",全面推动对位芳纶的工程化技术开发,极大促进了国产 PPTA 产业化进程,取得了积极丰硕的成果。烟台泰和新材料股份有限公司(简称泰和新材)和蓝星(成都)新材料有限公司(简称蓝星新材)等企业突破了对位芳纶工程化关键技术,建成了连续运行的千吨级对位芳纶生产装置,产品已经广泛应用于光缆、橡胶增强和个体防护等领域,为国产对位芳纶的进一步发展奠定了坚实的基础。

1.1.2.3　2016—2025 年,市场主导,企业自主创新发展

自 2017 年起,国内对位芳纶市场需求日益旺盛,进口芳纶供应短缺,不能满足市场需求。随着国产对位芳纶生产和应用技术的不断成熟,泰和新材、蓝星新材和仪征化纤等公司都披露了扩产的计划。中化国际通过投资和收购,也进入对位芳纶领域。截止到 2018 年 3 月份,我国对位芳纶已建成产能 5000t/a,实际产量约 2000t/a,具体见表 1 - 3。其中,中国平煤神马集团(简称神马集团)和河北硅谷化工有限公司(简称硅谷化工)的 PPTA 装置据称已处于停产状态。

1.2　商品化的对位芳香族聚酰胺纤维

1.2.1　纤维特性

对位芳纶是迄今为止综合性能优异的一种有机纤维,除了具有高强高模的

拉伸性能之外,还有耐高温、阻燃、绝缘和耐化学腐蚀等特点。它的比强度、比模量分别是钢丝的 6 倍和 3 倍,是高强尼龙和涤纶工业丝的 2 倍和 10 倍,在 −200 ~ 200℃的温度范围内仍可以保持较高水平。对位芳纶的玻璃化温度很高(大于 375℃),在较高温度依然保持稳定,同时热收缩和蠕变都很低。对位芳纶能耐强酸和强碱以外的大多数化学品。由于具有诸多突出性能,对位芳纶被广泛应用于军用和民用领域。

1.2.2 产品形态及分类

对位芳纶从产品形态上可分为纤维和织物两大类。纤维包括连续长丝(Continuous Filaments)、短纤(Staple)、纱线(Spun-yarn)、短切(Floc,Shortcut)、浆粕(Pulp)和沉析纤维(Fibrids)等形态,织物主要包括机织物、毡、无纬布(UD)和纸。

在上述产品形态中,对位芳纶长丝的用量最大,包括从 220 ~ 3330dtex 不同纤度的纤维以及合股粗纱。根据力学性能的不同长丝又分为通用型(如 Kevlar29、Twaron1000)、高伸长型(如 Kevlar119)、有色(如 Kevlar 68)、高强型(如 Kevlar 129、KM2 和 Twaron 2200)、高模型(Kevlar49)和超高模型(Kevlar149),适用于不同的终端用途,具体见表 1 − 1。

表 1 − 1 不同型号对位芳纶长丝的性能

	通用	高伸长	高强	有色	高模	超高模
拉伸强度 /(g/den)	23.0	24.0	26.5	23.0	23.0	18.0
/GPa	2.98	3.11	3.43	2.98	2.98	2.33
初始模量 /(g/den)	550	430	750	780	950	1100
/GPa	71	56	98	101	124	145
断裂伸长 /%	3.6	4.4	3.3	3.0	2.8	1.5
密度 /(g/cm³)	1.44	1.44	1.45	1.44	1.45	1.47

1.2.3 全球供需现状

全球对位芳纶产能约 75000t,其中,美国杜邦和日本帝人公司的产能占 85%,韩国、俄罗斯和中国公司的产能占 15%,详见表 1 − 2。中国已建产能 4000t/a,但实际产量不足 2000t/a,每年需求量的 2/3 以上仍需要进口(表 1 − 3)。

表 1-2 国外对位芳纶生产商

公司名称	类型	品牌	产能/(t/a)	国家
杜邦(Dupont)	PPTA	Kevlar®	32000	美国
帝人(Teijin)	PPTA	Twaron®	30000	荷兰
	日本	PPTA/ODA	Technora®	2000
可隆(Kolon)	PPTA	Heraron®	5000	韩国
晓星(Hyosung)	PPTA	Alkex®	1000	韩国
全俄人造纤维科学研究院(VNIIV)	PPTA/DAPBI	SVM、Armos®、Rusar®	1000	俄罗斯

表 1-3 国内对位芳纶生产现状

公司名称	类型	品牌	产能/(t/a)
烟台泰和新材料股份有限公司	PPTA	泰普龙®	1000
蓝星(成都)新材料有限公司	PPTA	Staramid F2	1000
中蓝晨光化工研究院有限公司	PPTA/DAPBI	Staramid F3	50
中国石化仪征化纤有限责任公司	PPTA	—	1000
中芳特纤股份有限公司	PPTA	Vicwa	600
江苏中化兆达高性能材料有限公司	PPTA	—	500
中国平煤神马集团	PPTA	赛尔	500
河北硅谷化工有限公司	PPTA	特威纶	500
航天六院46所	PPTA/DAPBI	F-12	50
四川辉腾科技股份有限公司	PPTA/DAPBI	芙丝特®	50

对位芳纶应用领域非常广泛,从 20 世纪 70 年代中期 10 个细分市场领域、不足 50 个特定用途发展到 20 多个细分市场领域和 200 多个特定用途,总体可分为以下八大类[11]:

(1) 防弹。20 世纪 70 年代,凯夫拉®对位芳纶首次应用于防弹衣。如今,对位芳纶已广泛应用于个体及装备防护。防弹系统的设计必须考虑具体防护的类型,如民用(公安和司法)的防护对象主要是防护手枪弹和刀具,而军用(军队)防护则是应对步枪弹、箭簇以及迫击炮、手榴弹和地雷等高速弹的威胁。防弹可分为软装甲和硬装甲两大类。前者采用机织物的组合体,用于防弹背心、防弹衣,以及软体结构(包括防爆毯、防弹幕墙和防弹内衬);后者采用多层乙烯酯或聚乙烯醇缩丁醛(PVB)改性酚醛树脂浸渍的机织物,用于防弹头盔,以及车、舰船和掩体的装甲。在军用装甲车内部加装内衬以防护高速弹片是硬装甲的典型应用。

对位芳纶软体防弹系统的发展方向是提高防弹性能和舒适性的同时减轻装

备重量。此外,兼具防弹和防刺功能的防弹衣在民用领域也有重要的应用。

（2）特种防护服。采用对位芳纶制成的防护服和手套具有防切割、阻燃、耐热和耐磨等性能,广泛应用于军警人员的作战防护,以及汽车、玻璃、钢铁、金属加工、焊接和伐木等产业劳动者的作业安全保护。

（3）轮胎及橡胶工业制品。对位芳纶特别适合作为输送带、子午胎以及其他橡胶工业制品的增强骨架材料。对位芳纶有助于提高轮胎的高速稳定性、操控性,并降低滚动阻力,提高燃油效率,因此用于赛车、乘用车、载重车、工程车轮胎以及飞机、摩托车和自行车轮胎。橡胶工业制品包括高温高压胶管、传送带（包括 V 带和同步带）和耐高温、高强度输送带,主要应用于汽车、采矿和冶金领域。

（4）复合材料。与碳纤维和玻璃纤维相比,对位芳纶具有高强高模及高伸长等性能特点,可单独或与玻璃纤维、碳纤维混合使用作为复合材料的增强体,达到减重及抗冲击效果,广泛应用于航空航天部件、轮船、运动器材和压力容器。

（5）光缆和电缆。对位芳纶纱线在光缆和电缆中的应用有两种方式:第一种是将无捻纱线与光缆并行放置,承受光缆轴向的过高负载或应力,保护光导纤维和电导体免受损伤;第二种是采用加捻纱线做开缆绳,当安装或检修光缆（或电缆）时撕破护套。

（6）特种绳缆。对位芳纶纱线通过编织、拧绞和编绞等方法加工成不同结构的绳缆,可用于降落伞绳、船舶系泊缆和钻油平台固定缆。

（7）增强热塑管。对位芳纶捻线增强聚乙烯管,用于石油输送管线,具有耐压、耐腐蚀、轻量、柔性、组装简便等优点,已大量取代钢管。

（8）建筑补强。与碳纤维相比,对位芳纶（以织物、无纬布或格栅等形态）尤其适合对电绝缘要求非常高的场合（如地铁隧道）和抗震建筑物进行补强。

从全球对位芳纶消费应用领域来看,防弹领域的消费量占市场总量的28%,排在第一位;缆绳和橡胶增强的消费量分别占比22%和17%,排在第二、第三位;摩擦密封和复合材料用量分别占16%和11%,排在第四和第五位（图1-4）。

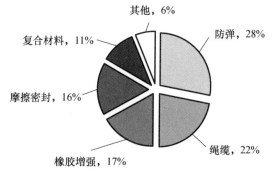

图 1-4　对位芳纶主要应用领域的消费情况

对位芳纶消费区域主要集中在经济发达国家和地区,如美国、欧洲、亚洲的日本和韩国。近十年,中国市场发展迅速,已成为对位芳纶消费成长最快的国家。自 2007 年至 2017 年,我国对位芳纶进口数量逐年递增,如图 1-5 所示。2017 年我国对位芳纶消费量超过 10000t,其中进口对位芳纶数量超过 8000t,进口依赖度 80% 以上。预计到 2020 年,消费量将达到 18000t,而届时国内有效供给产能不足 5000t/a,需求缺口巨大。

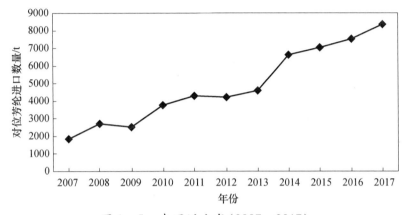

图 1-5　我国近十年(2007—2017)

对位芳纶进口数量(数据来源:中国化纤协会)

1.3　对位芳香族聚酰胺纤维的制造

PPTA 纤维制造流程如图 1-6 所示:第一步是合成高分子量 PPTA 聚合物,再进行水洗、分离和干燥;第二步是将聚合物溶解于浓硫酸,制成液晶溶液,经过干喷湿纺(空气层纺丝)工艺纺丝。

1.3.1　聚合物的制备

工业上采用低温溶液缩聚工艺,以 TPC 和 PPD 作为单体,以 $NMP/CaCl_2$ 为溶剂制备 PPTA 聚合物。根据操作和加料方式,又可分为间歇和连续聚合工艺,详见第 2 章。

1.3.2　纺丝溶液的制备

PPTA 可溶解于 100% 的浓硫酸,浓度大于 19.50%(质量分数),形成液晶溶液。工业上一般采用双螺杆连续溶解,具体见第 3 章。

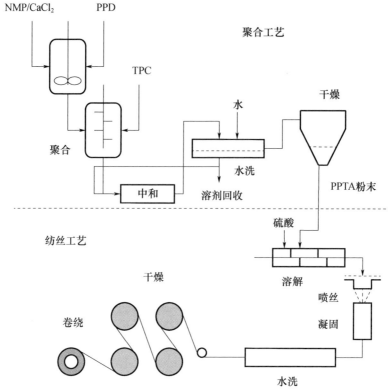

图 1-6　PPTA 纤维制造流程示意图[12]

1.3.3　纺丝

PPTA 纤维的纺丝是采用干喷湿纺法纺丝(又称空气层纺丝)工艺,即纤维喷出后先经过一段空气层后再进入凝固浴,纤维经过水洗、碱洗、烘干、上油处理,卷绕得到通用级对位芳纶。对位芳纶经过高温热处理后可制得高模量产品。具体内容见第 3 章。

1.3.4　溶剂回收

聚合物水洗滤液中含有大量水以及 NMP、氯化钙和氯化钠等。其中的 NMP 比较昂贵,必须回收,回收后的 NMP 重新用来聚合。回收 NMP 的纯度和回收率对 PPTA 聚合物的品质和成本都有重要影响。目前,工业上普遍采用萃取－精馏结合的回收工艺,详见第 2 章。

1.3.5　产品安全与职业危害[13]

由于 PPTA 生产涉及聚合单体、溶剂等易燃、有毒类化学品,以及"三传一反"化工过程,因此在项目的设计和生产运行中有必要对 PPTA 生产过程的安全环保和职业健康防护进行系统分析和识别,制定有效防范措施,以便降低投资成本和运行风险,提高项目运行的可靠性(表 1-4)。

表 1-4 PPTA 主要原料毒性及火灾危险性类别

名称	用途	毒性分级	大鼠经口 /(mg/kg)	火灾危险性类别
PPDA	聚合单体	Ⅱ	80	丙
TPC	聚合单体	Ⅲ	2500	丙
NMP	聚合溶剂	—	—	丙
浓硫酸	纺丝溶剂	Ⅲ	28	乙
氯仿	其他助剂	Ⅲ	908	—

1.3.5.1 危险反应性

PPTA 纤维在常温和存储环境下非常稳定,不会发生自聚;在空气中加热到 400℃会发生分解,过度加热或激光切割 PPTA 织物或片材,会引起呼吸道不适。

1.3.5.2 燃烧及爆炸

对位芳纶纤维的极限氧指数(LOI)为 29,是本质阻燃型纤维。它能燃烧,但移开火源后即自熄。对位芳纶浆粕和纤维粉尘均没有爆炸危险,但燃烧后会发生阴燃。

1.3.5.3 健康危险

与石棉不同,吸入对位芳纶纤维或浆粕不会导致肺病,但是会引起轻微不适。对位芳纶与皮肤直接接触也不会引起致敏反应,但空气中的粉尘会轻微刺激鼻子和眼睛。空气中允许暴露可吸入 PPTA 纤维数量是 2 个/m³,PPTA 粉尘总浓度为 5mg/m³。因此,在短纤和浆粕生产现场,需要定期用吸尘器清理纤维毛羽和粉尘,禁止用压缩空气吹扫设备。

1.3.5.4 劳动防护

由于 PPDA、TPC 和氯仿都具有较强的毒性和反应活性,浓硫酸具有强腐蚀性,因此在操作过程中必须做好个人防毒和防腐防护。

对位芳纶纱线缠绕手指会造成严重伤害,禁止用手触碰正在高速运动中的纺丝纱线。

1.3.5.5 废物处理

对位芳纶纤维不属于危险废物,可按照一般废物的法律法规进行处置。

1.4 对位芳香族聚酰胺纤维技术的发展趋势

产品性能的高性能化和功能化,以及提高产品的经济性是对位芳香族聚酰胺纤维未来技术发展的驱动力和研发方向。产品的高性能化包括强度和模量、阻燃性能和耐高温性能的提高;产品的功能化包括引入光、电和磁等功能,拓展特殊的应用领域;产品的经济性包括生产组织模式的优化、产品制造成本和价格的降低。应该指出,产品的性能和经济性并不是一对不可调和的矛盾,通过新技术和新工艺的应用可以实现性能和经济性两者之间平衡。

1.4.1 产品的高性能化和功能化

材料的性能取决于分子组成与结构,从分子结构设计入手,在对位芳香族聚酰胺高分子链上引入刚性更高和更加有序的结构单元,可以提高其强度和模量、耐高温和阻燃性能,并已取得了许多进展。在 PPTA 高分子链上引入 DAPBI 等芳杂环结构单元,即芳纶Ⅲ,可大幅提高纤维强度和模量;在高分子链引入苯并二噁唑结构单元,即为 PBO(图 1−7(a)),纤维的极限氧指数达到 68,阻燃性能大幅提升;在高分子链上引入苯并咪唑结构,即 PIPD 或 M5(图 1−7(b)),纤维的压缩强度达到 1.6GPa,模量达到 350GPa,两者均为高模型 PPTA 纤维的 3 倍。

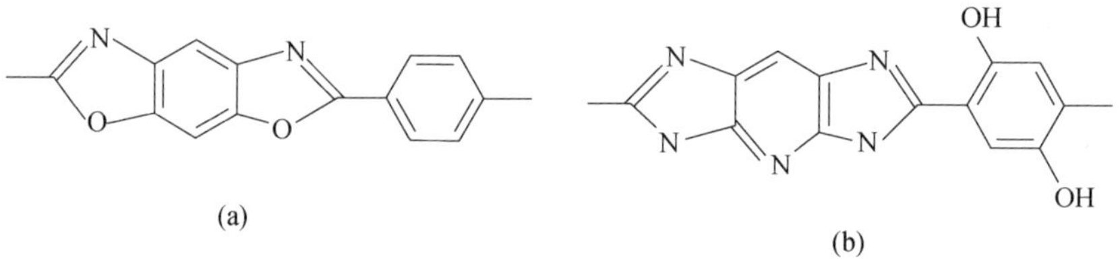

(a)   (b)

图 1−7　PBO、PIPD 的高分子结构
(a)PBO;(b)PIPD。

在对位芳香族聚酰胺高分子链上引入显色、电致变色、导电和铁磁等功能性基团[14],可制备对外界刺激响应的智能材料,从而拓展芳香族聚酰胺纤维在通信、传感等领域的应用。

PPTA 纤维的极限理论强度(UTT)为 15GPa,极限理论模量(UTM)为 200GPa,当纤维的分子量超过 100000 时,纤维的力学性能可接近理论值。因此,理论上可以采用分子量更高(如 $M_w \geqslant 100000$)的聚合物纺丝,以提高纤维的力学性能,前提是必须平衡 PPTA 纤维分子量与加工性的关系:

$$\frac{1}{\sigma} = \frac{1}{\sigma_0} + K \times \mathrm{DPF}^{0.5} \qquad (1-1)$$

式中　σ——纤维强度(cN/dtex);

　　　σ_0——极限理论强度(cN/dtex);

　　　K——常数;

　DPF——单丝纤度(dtex)。

根据式(1−1)可知,纤维强度与单丝纤度成反比,因此单丝细旦化也是提高纤维强度的一种有效途径[15]。

1.4.2 一体化集成技术

一体化生产是一种高效的生产组织模式,可大幅降低生产成本。目前,PPTA纤维的全球两大供应商均采用一体化生产技术(Integration),即将上游基础化学品、中间单体和PPTA的生产装置集成为一套系统,形成完整的上下游产业链。杜邦公司PPTA/氯碱化工一体化技术工艺路线示意图如图1−8所示[16]。由于上述化工基础化学原料(如苯胺、甲苯)、PPTA聚合体和纤维的生产分散在不同的工厂,因此并不是严格意义的一体化,但这种组织运营模式值得国内公司借鉴。

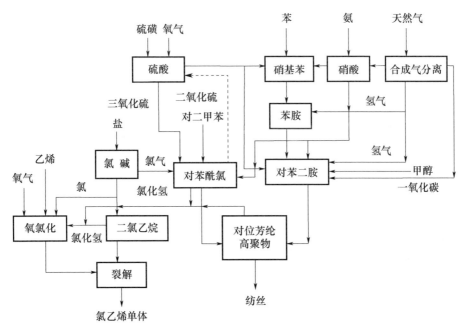

图1−8 杜邦公司PPTA/氯碱化工一体化技术工艺路线示意图

参 考 文 献

[1] US Government Information. Federal trade commission[EB/OL].[2016-07-06].
    https://www.gpo.gov/fdsys/pkg/CFR − 2010 − title16 − vol1/pdf/CFR − 2010 − title16 − vol1 − sec303 − 7. pdf.

[2] The International Organization for Standardization. Textiles − Man − made fibres − generic names:ISO 2076 − 2013[S]. Switzerland:ISO Copyright Office,2013.

[3] 全国纺织品标准化技术委员会. 纺织品化学纤维 第1部分:属名:GB/T 4146.1—2009[S]. 北京:

中国标准出版社,2009.

[4] Mulder K F. A Battle of Giants: The multiplicity of industrial R&D that produced high – strength aramid fibers[J]. Technology in Society,1999,21:37 – 61.

[5] David T,James A F, et al. The Kevlar story – an advanced materials case study[J]. Advanced Materials, 1989,101(5):665 – 670.

[6] Smithsonian Institution. Stephanie Kwolek: Kevlar[EB/OL]. (2014-04-14)[2016-03-08]. http://invention. si. edu/stephanie – kwolek – kevlar – inventor.

[7] Yang H H. Aromatic high – strength fibers[M]. New York: Wiley – Interscience,1989,71 – 99.

[8] Morgan H S. Process for spinning wholly aromatic polyamide fibers: US 3414645[P]. 1968 – 12 – 03.

[9] Vollbracht L,Veerman T J. Process for the preparation of poly – p – phenylene tereohthalamide: US 4308374 [P]. 1981 – 12 – 29.

[10] 化工部晨光研究院第四室. 芳纶Ⅱ型树脂连续缩聚工艺及设备研究[J]. 产业用纺织品,1988,S1: 20 – 29.

[11] Gabara V,Hartzler J D,Lee Kiu – seung,et al. Handbook of fiber chemistry[M]. Menachem Lewin (Ed.), Boca Raton: CRC,2007,1017 – 1021.

[12] Westerhof H P. On the structure and dissolution properties of poly(p – phenylene tereohthalamide) – effect of Solvent Composition[D]. Delft: Delft Univ ersity of technology,2009.

[13] Merriamn E A. Material safety data sheet: DuPont Kevlar brand fiber[EB/OL]. (1999-11-19)[2009-10-08]. http://www. hazard. com/msds/mf/dupont/kevlar. html.

[14] José A,Reglero R,Miriam T – L,et al. Functional aromatic polyamides[J]. Polymer,2017,9:414 – 57.

[15] V Werff H V D,Hofman M H. Para-aramid microfilament yarns-process and properties[J]. Chemical Fiber International,1996,46:435.

[16] Nexant. PERP Aromatic ployamides (polyaramids)[R]. New York: Nexant Inc. ,2008,05:1-200.

第 2 章

对位芳香族聚酰胺聚合物的制备

对位芳香族聚酰胺纤维的极限拉伸强度(T_m)与其分子量(M)存在高度依赖关系:当 $10000 < M < 100000$ 时,T_m 与 M 的 0.4 次方成正比,即 $T_m \propto M^{0.4}$;当 $M \geqslant 1000000$ 时,T_m 接近理论值[1]。要得到高强度对位芳香族聚酰胺纤维,应尽可能采用分子量高且分布窄的聚合物。因此,如何制备高分子量且窄分布的 PPTA 聚合体是制备高性能芳纶纤维的重要基础。目前关于 PPTA 制备的公开专利和文献很多,但其工程化生产技术及工艺仍属于企业的高度商业秘密。本章的内容都是基于作者对公开发表的文献和专利的理解。

本章首先介绍对位芳香族聚酰胺(以 PPTA 为例)的不同合成路线和实施方法,再从 PPTA 的低温溶液缩合聚合反应机理出发,详细讨论影响 PPTA 高分子分子量大小及其分布的各种化学和物理因素,最后简要介绍工业化制备 PPTA 聚合物的工艺流程及聚合物的表征方法。

2.1 对位芳香族聚酰胺的缩聚反应

2.1.1 合成路线

根据大分子链上酰胺键生成机理的不同,可将对位芳香族聚酰胺合成路线分为如下两大类[2]。

第一类是缩合聚合,即采用对苯二胺(PPD)和对苯二甲酰氯(TPC)或对苯二甲酸(TPA)单体,通过缩合聚合反应生成聚对苯二甲酰对苯二胺(PPDT 或 PPTA),同时生成小分子 HCl 或 H_2O。

$$n\text{H}_2\text{N}\text{—Ar—NH}_2 + n\text{ClCO—Ar'—COCl} \longrightarrow \text{[HN—Ar—NH—CO—Ar'—CO]}_n + n\text{HCl}$$

$$n\text{H}_2\text{N—Ar—NH}_2 + n\text{HOOC—Ar'—COOH} \longrightarrow \text{[HN—Ar—NH—CO—Ar'—CO]}_n + n\text{H}_2\text{O}$$

第二类是氢转移反应(类似聚氨酯反应),先由对苯二甲酸和苯基－1,4－二异氰酸酯(PDI)单体聚合生成中间体聚合物,再加热脱除 CO_2 后生成芳香族聚酰胺。之前由于芳香族二异氰酸酯单体的成本过高,且 CO_2 脱除困难,该路线没有被广泛应用。随着芳香族二异氰酸酯价格下降,以及 TPC 和 PPD 价格上涨,氢转移路线与缩聚反应路线在经济性上已经具有可比性。

$$n\text{OCN}-\text{Ar}-\text{NCC}+n\text{HOOC}-\text{Ar}'-\text{COOH} \longrightarrow \left[\text{CONH}-\text{Ar}-\text{NHCO}-\text{O}-\text{CO}-\text{Ar}'-\text{CO}-\text{O}\right]_n$$

$$\xrightarrow{\text{加热}} \left[\text{NH}-\text{Ar}-\text{NH}-\text{CO}-\text{Ar}-\text{CO}\right]_n + 2CO_2$$

2.1.2 缩聚反应机理

聚酰胺缩聚生成酰胺键是基于 Schötten－Baumann 亲核取代反应。由于芳胺氮原子上孤对电子与苯环的共轭效应,芳香族胺氮原子的电子云密度(亲核反应活性)大大降低,而脂肪胺上氮原子的电子云密度由于脂肪取代基的诱导效应却增加了。氮原子电子云密度变化导致芳香族聚酰胺和脂肪族聚酰胺缩聚反应速率具有很大的差异。因为芳香胺反应活性低,且芳香族聚酰胺的熔点很高,通常制备脂肪聚酰胺的方法并不适用芳香族聚酰胺。为了补偿氮原子上电子云密度的减少造成芳香族胺反应活性的降低,必须增强二元酸羰基碳原子的正电性。常用方法是用负电性强的卤素原子对二元酸羰基碳原子进行活化,即把 TPA 变成 TPC。

聚酰胺缩聚反应的第一步是二元胺的氮原子攻击二元酸羰基碳原子,生成过渡络合体;第二步是络合体消除小分子 HCl 后形成酰胺键。HCl 能与氨端基结合生成铵盐使之失去反应活性。随着缩聚反应的进行,体系中生成的 HCl 越来越多,用于链增长反应的活性端基胺的数量越来越少。为了保证聚合反应的继续进行,需要加入有机胺(如吡啶)将 HCl 络合吸收,使端基活性胺再生,缩聚反应继续进行(图 2－1)。酰胺类溶剂,如 N,N-二甲基乙酰胺(DMAc)或 N-甲基吡咯烷酮(NMP)在作为单体和聚合物溶剂的同时,也可以作为酸吸收剂。

2.1.3 缩合聚合方法

实验室制备芳香族聚酰胺可采用低温溶液聚合[3]、界面聚合[4]、熔融、气相缩聚和反相悬浮聚合等多种方法。目前只有低温溶液缩聚工艺实现了工业化生产,如商业化的凯夫拉®(Kevlar®)和特瓦隆®(Twaron®)均采用此路线。PPTA 的低温溶液缩聚机理和规律也是本章讨论的重点。

(1)低温溶液缩聚:低温条件下(低于50℃),TPC 和 PPD 在酰胺类非质子溶剂体系(详细内容见 2.2 节)中进行的聚合反应,是目前最常用也是唯一实现工业化生产的聚合方法。

(2)界面缩聚:将 PPD 溶解在碱性水溶液中,TPC 溶解在与水不互溶的有机溶剂(如四氯化碳)中,将两种溶液缓慢混合,在水相－有机相界面处反应生成 PPTA 聚合物膜。帝人公司的间位芳纶 Conex® 采用此种方法生产。

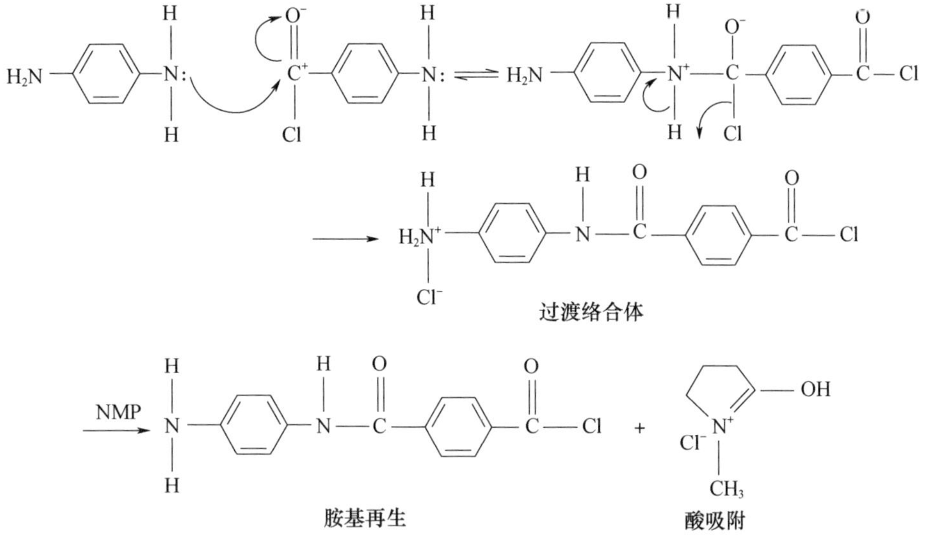

图 2－1　芳香族聚酰胺缩聚反应机理

(3)直接缩聚法:采用 PPD 和 TPA 为单体,以亚磷酸三苯酯或氯化亚砜等作活化剂,在酰胺－盐溶剂体系中进行聚合反应。由于亚磷酸三苯酯的回收和再生成本很高,直接缩聚工艺没能实现工业化应用。

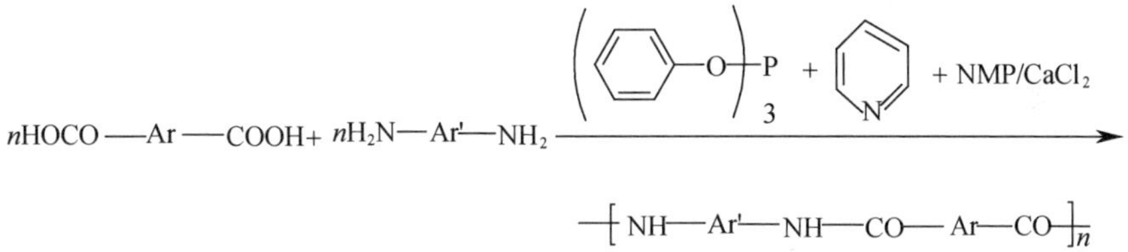

(4)气相缩聚:在高温和惰性气体氛围下,将 TPC 和 PPD 加热气化,二者混合后发生气相缩聚反应。随着反应的进行,聚合物逐渐沉积下来。

此外,PPTA 合成的方法还有酯交换法、固相缩聚法、微波辐射聚合法和悬浮聚合等。

2.2　低温溶液缩合聚合

2.2.1　低温溶液缩聚影响因素

在 NMP/CaCl$_2$ 的溶剂体系中进行低温溶液聚合制备 PPTA 的反应方程式如

图2-2所示。根据体系发生相变的过程,整个缩聚反应可分为三个阶段:在反应初期,PPD和TPC单体在溶液中进行缩聚反应,生成PPTA低聚物。随着PPTA分子链的不断增长,高分子间的氢键数量增加,内聚能增大,溶液黏度迅速升高,当达到凝胶点(Gel Point)后发生相分离,高分子从溶液中沉淀析出。在这个阶段,高分子分子量依然很小(用特性黏数 IV 表示,$IV \approx 2$)。析出后的高分子链端基仍保持一定的反应活性和足够的移动性(Mobility),能与周边的反应性基团继续进行缩聚反应,直到聚合物的 IV 达到6以上,整个反应体系成为固体。缩聚反应后期的反应速率显著降低,对聚合体系施加强力剪切作用会诱导大分子取向并提高反应速率,从而增加聚合物分子量[5]。

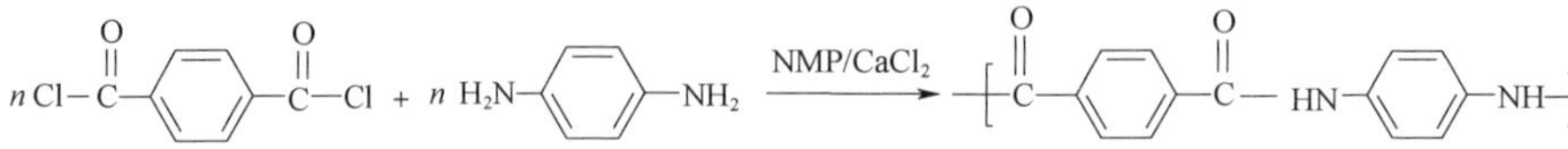

图2-2 低温溶液聚合制备PPTA

在低温溶液缩聚反应中抑制 PPTA 缩聚反应的因素可分为物理和化学两类。某些理化相互作用的因素,如搅拌效率、二胺盐和聚合物的析出也归属于物理因素。化学因素包括单体与杂质和酸吸收剂的反应。

(1)杂质。溶剂中的非反应性杂质对缩聚反应影响很小,除非它可能会抑制聚合物的溶解度。单体中的非反应性杂质能导致反应物比例失衡,因此会抑制聚合物分子量的增加。

溶剂或单体中的反应性杂质能与单体、增长的高分子链活性端基或溶剂发生副反应,导致缩聚反应提前终止。如 TPC 在合成或存储过程中会生成 HCl、氯化亚砜或单官能团酰氯;PPD 在空气中可能会氧化降解,也极易吸收水分和 CO_2 引入杂质,导致 PPD 的纯度降低。这些杂质的引入会影响缩聚反应的程度,特别是单胺、水或碳酸盐。

(2)溶剂的反应性。近期研究发现 TPC 与 NMP 之间会发生类似 Vismeier-Haack 反应[6],使 TPC 上的酰氯基团失活,破坏 TPC 和 PPD 之间的等当量关系,严重影响聚合反应活性(图2-3)。为尽可能减少上述副反应,TPC 一般采用熔体或固体方式加料,且尽可能缩短与 NMP 的接触时间。

(3)反应温度。PPD 和 TPC 在室温(或低温)即可发生溶液缩聚反应生成高分子量的 PPTA。反应速率和聚合物的溶解度随着反应温度的升高而增加,但竞争副反应速率也会随之增加。当反应温度控制在 4~21℃时,聚合物溶液最稳定,因此也容易制得高分子量 PPTA。

(4)反应起始浓度。溶液缩聚反应速率对反应物浓度表现不太敏感,除非反应物的浓度影响搅拌和温度控制。低反应浓度的生产效率低,经济性差;反之,高浓度聚合体系黏度高,搅拌困难,不利于扩散和混合,从而影响聚合物分子链的增长。

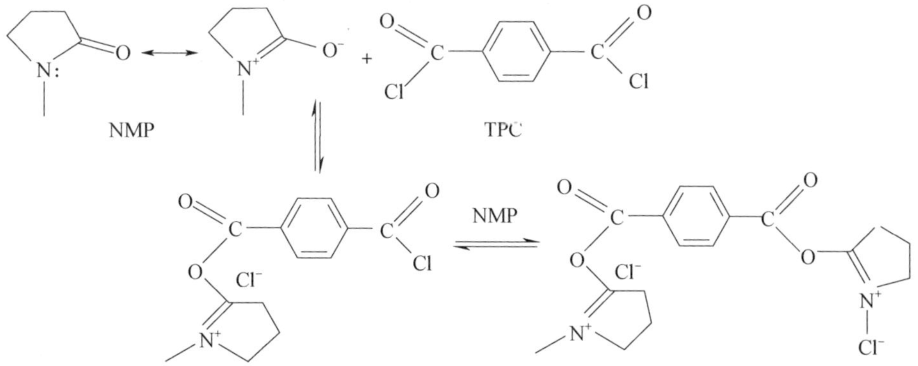

图 2-3　TPC 和 NMP 的可能反应机理

（5）反应物等当量及混合效率。PPD 和 TPC 分子的反应活性很高，一旦接触即发生不可逆缩聚反应。由于生成 PPTA 的缩聚速率远高于混合速率，少量 TPC 加到大量的 PPD 溶液中，在 TPC 均匀分散之前就与附近或周边的 PPD 发生聚合反应，生成低聚物和高分子量聚合物。因此，PPTA 聚合反应初期阶段对反应物的非等当量并不太敏感。但在反应后期，随着反应体系黏度的增加，缩聚反应由扩散控制，对聚合体系施加剪切混合对提高聚合反应速率和分子量都极为重要。

（6）溶剂体系。溶剂体系在溶液聚合体系中具有多重作用：一是溶解单体，为不同单体的混合碰撞提供介质和反应场所；二是溶解（或溶胀）增长的高分子，保持聚合反应的持续进行；三是吸收低分子副产物 HCl，利于聚合反应的进行；四是通过自身的极性或溶剂化作用影响聚合反应速率；五是吸收反应热，利于控制聚合反应温度。溶液聚合制备高聚物的首要条件是溶剂必须能溶解或充分溶胀聚合物，即高分子-溶剂间存在强烈的相互作用，以保证聚合过程的完成。

（7）加料方式。指单体加入的形态（固体、熔体或溶液）及批次（一次或多次）。通常，TPC 和 PPD 的缩聚反应分为两步：第一步是部分 TPC 加入 PPD 的 NMP/CaCl₂ 溶液中进行预聚合；第二步是剩余的 TPC 预聚物继续反应。TPC 分批次加入利于控制反应程度、体系黏度和反应热，能够得到高分子量 PPTA。

2.2.2　单体

低温溶液缩聚合成 PPTA 的单体包括 PPD 和 TPC。与脂肪族二胺相比，芳香族二胺的反应活性要低很多，因此 PPTA 的合成必须采用反应活性更高的对苯二甲酰氯和对苯二胺。高纯度单体是成功制备高分子 PPTA 聚合物的根本保证，纯度和杂质含量是单体的两个重要的控制指标。不同来源单体所含的杂质种类（如中间产物、残留催化剂或同分异构体等）和含量均有差异，即便是痕量的活性杂质也会对最终聚合物的性质产生重要甚至决定性的影响。因此,在选择单体原料时,必须关注具体的合成工艺路线。合成 PPTA 的单体的技术指标如表 2 – 1 所列。

表 2 – 1 单体的技术指标

单体\指标	PPD	TPC
熔点/℃	≥138	83
纯度/%	≥99.90	≥99.90
间/邻位同分异构体/(mg/kg)	≤200	≤200
单官能团物质含量/(mg/kg)	≤500	≤500
其他杂质/(mg/kg)	≤300	≤300

注:纯度采用气象色谱(GC)检测。

国际上对苯二胺的合成路线有两种。第一种路线采用苯胺作为起始原料,先后经过羰基化(Carbonylaltion)、硝化(Nitration)、水解(Hydrolysis)和氢化(Hydrogenation)等反应过程,得到对苯二胺,制备流程如图 2 – 4 所示。根据氢化试剂的不同,又可分为铁粉还原、硫化碱(Na_2S)还原和加氢还原等,铁粉还原工艺由于污染严重已被淘汰。

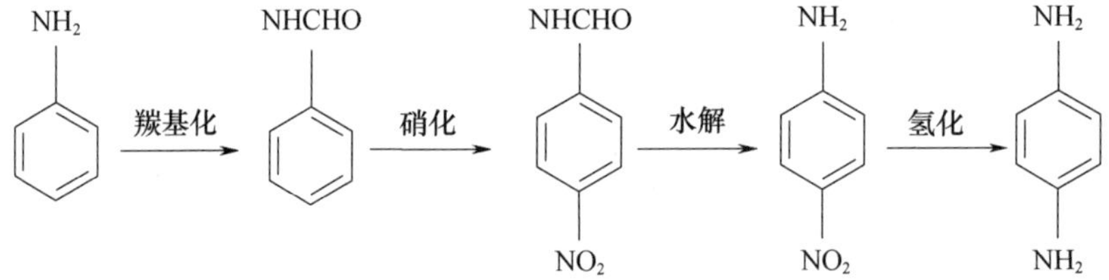

图 2 – 4 对苯二胺制备流程

第二种路线采用偶氮染料的合成工艺,即苯胺在亚硝酸钠和盐酸作用下自身反应生成重氮氨基苯,再发生异构化(Isomerize)生成对氨基偶氮苯,最后氢化(Hydrogenation)得对苯二胺,其制备工艺流程如图 2 –5 所示。

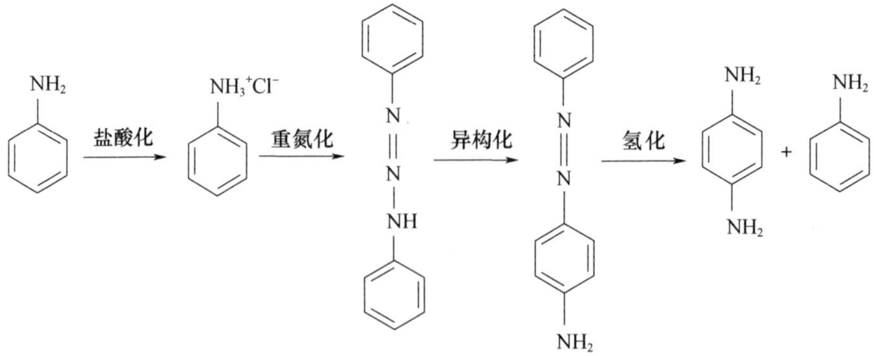

图 2 – 5 对苯二胺的重氮化制备工艺流程

由于我国对硝基氯苯的产量很大,因此我国对苯二胺的生产采用对硝基氯苯氨化再氢化的路线,如图 2-6 所示。

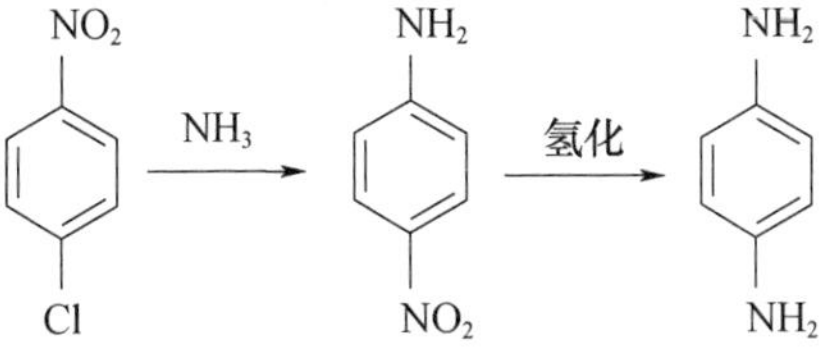

图 2-6　我国对苯二胺的生产路线

对苯二甲酰氯的商业化合成有两种路线:第一种对苯二甲酸(TPA)直接酰化,即 TPA 和酰化试剂(光气或氯化亚砜)在 N,N-二甲基甲酰胺(DMF)催化作用下直接酰化制得;第二种是对二甲苯光氯化工艺,即对二甲苯和氯气在紫外线作用下反应生成六氯化对二甲苯,再与熔融对苯二甲酸发生酸解反应,得到对苯二甲酰氯。上述两种路线反应方程式分别如图 2-7 和图 2-8 所示。

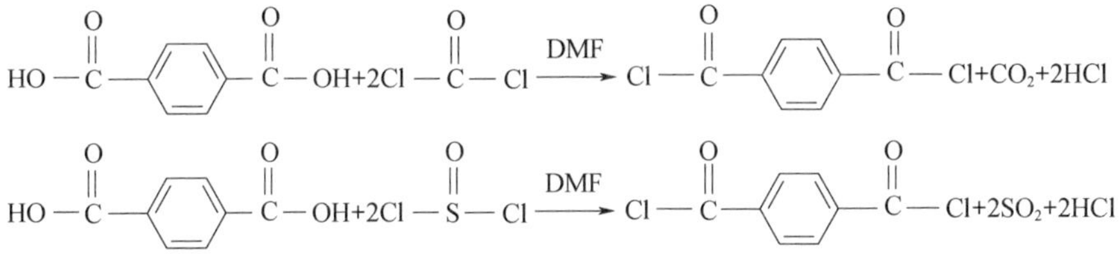

图 2-7　对苯二甲酰氯的酰化制备工艺

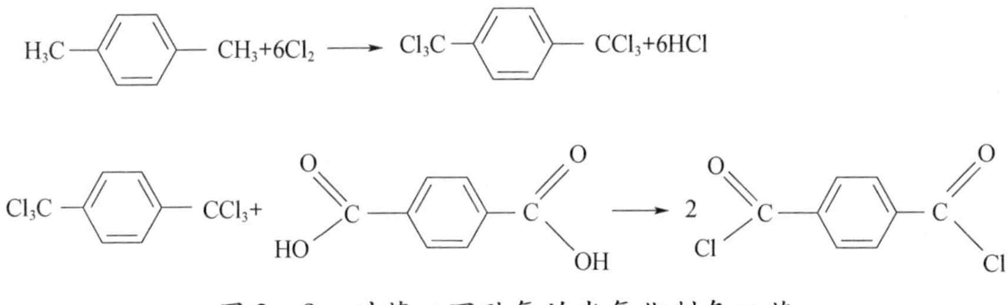

图 2-8　对苯二甲酰氯的光氯化制备工艺

2.2.3　溶剂体系

PPTA 靠高分子间的酰胺基团形成的氢键相结合,分子量越大,分子间氢键数量越多,分子间作用力越大,内聚能密度越大。PPTA 要在溶剂中溶解,必须破坏高分子间的氢键作用。

PPTA 高分子在溶剂保持溶解或溶胀,才能保持高分子链的流动性,反应性高分子端基才能与未反应的单体分子发生碰撞反应,保持分子链的继续增长。

随着分子量的持续增加,分子间氢键作用力也随之增大,直至达到溶解极限从溶剂中析出,分子链活动性减小,聚合反应速率下降直至反应终止。所以,溶剂的溶解能力是制约 PPTA 分子量大小的关键因素。

PPTA 的溶剂体系由溶剂和助溶剂共同组成。常用的溶剂主要是极性酰胺类溶剂,如六甲基磷酰胺(HMPA)、N-甲基-2-吡咯烷酮(NMP)、N,N-二甲基乙酰胺(DMAc)和四甲基脲(TMU),化学结构式如图 2−9 所示。常用的助溶剂主要为碱金属盐(如 LiCl)或碱土金属盐(如 $CaCl_2$),在溶剂中的含量一般为 5% ~ 10%(质量分数)。

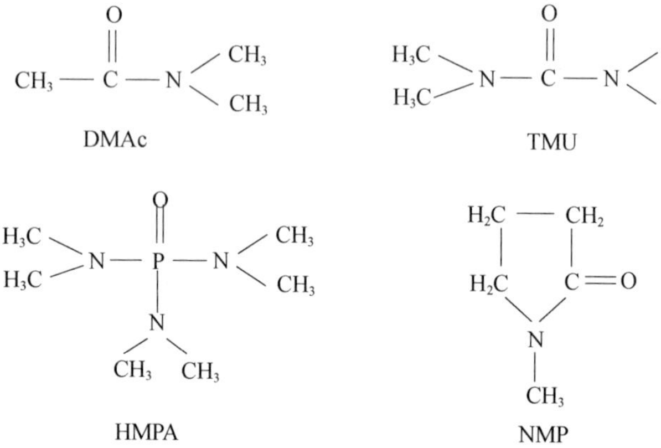

图 2−9　常用的酰胺类有机溶剂

由于酰胺类溶剂对 PPTA 的溶解能力取决于分子的极性,极性越大的溶剂溶解能力越强。上述四种酰胺类溶剂中,HMPA 的分子极性最大,其后依次为NMP、DMAc 和 TMU,对位芳香族聚酰胺的溶解度和聚合物Ⅳ都遵循着 HMPA > NMP > DMAc > TMU。HMPA 无论单独使用或与其他同类溶剂按比例混合使用均可制得高分子量 PPTA,而 NMP、DMAc 或 TMU 必须加入助溶剂才能得到同样的效果。简单地讲,盐的存在强化了溶剂分子的极性(图 2−10),从而增加了PPTA 聚合物的溶解度。

关于酰胺−盐溶剂体系溶解 PPTA 的机制,目前存在两种机理解释[7]:

(1)离子机理:游离的盐阴离子(Anion)与芳香族聚酰胺高分子链上的酰胺基氢原子(Amide-proton)络合形成阴离子聚合物(聚合物电解质),同性电荷间的排斥作用削弱(或破坏)了芳香族聚酰胺大分子间的氢键,高分子链互相分离并在溶剂中溶解。盐阳离子(Cation)与酰胺基团裸露的羰基氧原子结合,形成溶剂化阳离子,溶于 NMP 或 DMAc 等极性非质子溶剂中,并通过与盐阴离子的相互作用保持聚合物溶液的稳定,如图 2−11 所示。

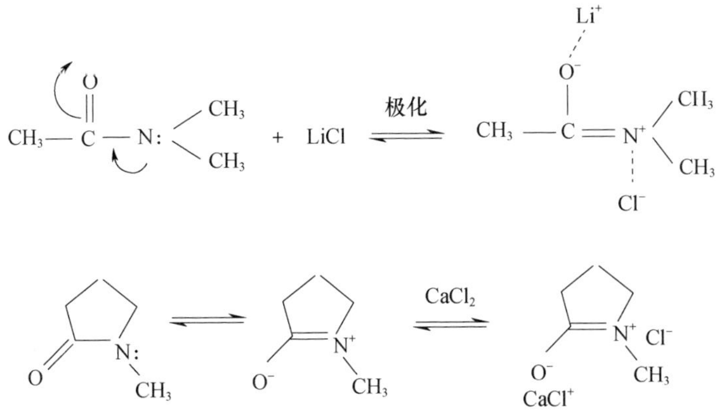

图 2 - 10　酰胺类溶剂分子与盐的作用机理

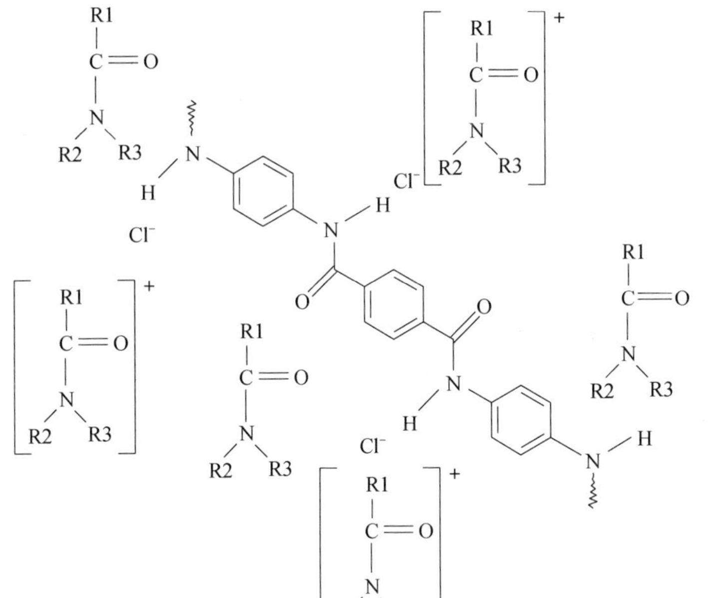

图 2 - 11　负电荷高分子链与阳离子化溶剂之间的稳定作用机制[8]

（2）离子对机理：盐以离子对（Ion pairs）形式与高分子和溶剂分子之间形成缔合物，如图 2 - 12 所示。上述两种机理的差别就在于盐是以独立的阴（阳）离子还是（阴阳）离子对与芳香族酰胺高分子和酰胺溶剂缔合形成带电荷的溶剂和高分子。

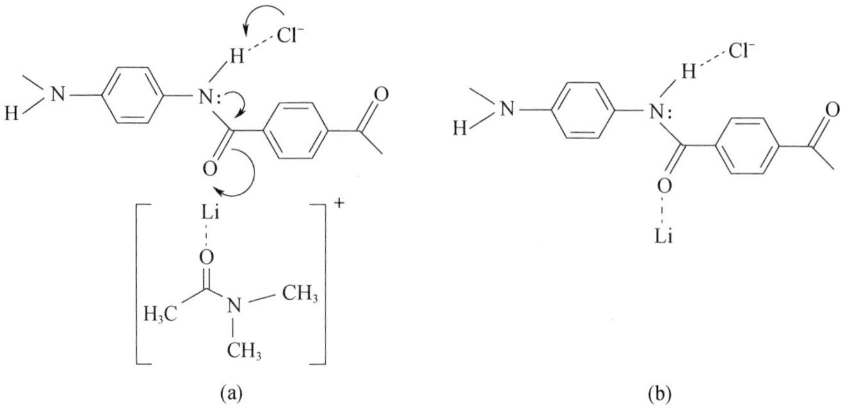

图 2 – 12　PPTA 高分子与酰胺 – 盐溶剂的两种作用机理

(a)Li⁺ 与 DMAc 羰基氧原子络合、Cl⁻ 与 PPTA 高分子酰胺质子结合;

(b)Li⁺ 与 Cl⁻ 分别通过羰基氧原子和酰胺质子与 PPTA 高分子直接络合。

当盐的浓度较低时,盐与高分子的络合遵循图 2 – 12(a)所示的机理,即阴阳离子分别与溶剂和高分子络合,形成带负电荷的高分子,随着盐浓度增加,溶解力也逐渐增强;当盐浓度超过一定程度时,盐倾向于直接与聚合物酰胺基团上的酰胺质子和羰基氧络合(图 2 – 12(b)所示的机理),形成中性的高聚物 – 盐络合物,聚合物的溶解度降低。上述机理与实际观察到的情况相一致。

无论是离子还是离子对溶解机理,本质上都是盐 – 酰胺类溶剂 – 高分子三者之间的相互作用决定了芳香族聚酰胺聚合物的溶解性。要达到最佳的溶解效果,需要上述多种相互作用力之间的微妙平衡。这种酰胺溶剂 – 高分子 – 溶剂化离子的存在不仅影响聚合物的溶解性,也影响单体的溶解性,以及聚合反应动力学,最终影响聚合物的分子量。

因为盐阳离子与酰胺溶剂的羰基氧之间的作用力(溶剂化能力)随着 $Li^+ >$ $Ca^{2+} > Mg^{2+} > Zn^{2+}$ 顺序依次降低,所以相同阴离子盐的溶解度、芳香族聚酰胺聚合物的溶解度和聚合物的黏度呈现如下规律:$LiCl > CaCl_2 > MgCl_2 > SrCl_2 >$ $ZnCl_2 > CoCl_2$。对于不同阴离子的盐而言,芳香族聚酰胺的分子量随着盐阴离子负电性的增强而增加,随着阳离子络合能力的减弱而增加:

$$LiCl > LiNO_3 > LiBr > LiI$$
$$CaCl_2 > CaBr_2 > CaI_2$$
$$LiCl > CaCl_2 > MgCl_2 > AlCl_3$$

上述规律也侧面验证了盐助溶 PPTA 高分子机制的合理性。由于 HMPA 具有潜在的致癌作用,且不如 NMP 稳定,回收率低,已不再应用于 PPTA 的商业化生产,NMP-CaCl₂ 溶剂体系成为现有商业化对位芳香族聚酰胺(如 Kevlar、Twaron

和 Technora)的唯一选择,其相图如图 2-13 所示[9]。

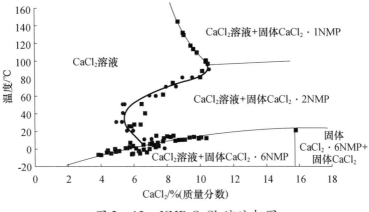

图 2-13　NMP-CaCl$_2$溶液相图

需要强调的是,溶剂体系中的水分能与高反应活性的单体(如对苯二甲酰氯)发生水解反应,降低官能团的反应活性,延缓聚合速率,同时水分子与碱金属离子结合会破坏碱金属离子-溶剂-高分子间的作用力,减弱溶解能力,从而得不到高分子量 PPTA 聚合物。因此,芳香族聚酰胺的溶剂必须严格控制水分含量,一般要求在 100mg/kg 以下。

2.3　工程化制备技术

聚合工程是 PPTA 纤维工程化技术的核心,包括缩聚反应、聚合物的分离、干燥以及 NMP 溶剂回收等工序,本质上由缩聚反应、液-液分离和固-液分离等系列化工过程组成。研究重点是依据工艺的要求设计和选择与之适配的设备,实现高分子量 PPTA 的规模化制备。

2.3.1　缩聚

PPTA 的溶液缩聚是一个不可逆的逐步聚合反应,具有起始反应速率快(10^6mol/(L·s))、反应放热高(-199kJ/mol)、黏度变化快等特点。尤其重要的是,PPTA 缩聚反应过程会发生相转变,反应体系会从最初的均相溶液变成具有类似塑性宾汉(Bingham)流体性质的凝胶。当外界剪切应力(τ)大于凝胶的屈服应力(τ_0)时,又会变成流体继续反应。缩聚反应在初期遵循二级反应动力学,聚合物的分子量(聚合度)正比于速率常数和起始单体浓度。在缩聚反应后期反应变慢,聚合反应变为扩散控制。由于 PPTA 聚合度的急剧增加主要发生在反应后期,因此扩散控制对 PPTA 分子量具有更重要的决定作用。要得到高分子量 PPTA,重点要解决缩聚反应的传质(混合)和移热(温度控制)两大技术难题。

根据反应操作方式不同,商业化的 PPTA 工程化聚合技术可分为连续(杜邦公司)和间歇(阿克苏·诺贝尔)两种方式。无论哪种方式,有效的传质、传热都是制备高分子量 PPTA 的关键所在。

1. 连续聚合

杜邦公司首次公开 PPTA 的连续聚合工艺流程[10,11],如图 2-14 所示。浓度 5% ~10%(质量分数)的 PPD 六甲基磷酰胺溶液(10~30℃)与 TPC 熔体(85~120℃)按化学计量配比分别以 100 英寸/s(1 英寸 =2.54cm)和 81 英寸/s 的速度注入混合器,在 0.1s 内充分混合后物流以 55 英寸/s 的速度注入预聚反应器 A,在冷却条件下充分混合反应 4~15s 后再进入聚合反应器 B,在 225s⁻¹ 以上剪切速率下反应 1~15min,得到干屑状 PPTA 聚合物(IV=5.3),出料温度不超过 65℃。上述专利技术采用连续同向双螺杆挤出机(Readco,D=10 英寸,L=72 英寸)。

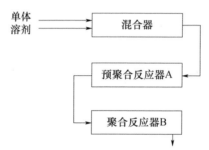

图 2-14   PPTA 连续聚合工艺流程

一定构型的混合器的转速由最大剪切速率确定:

$$\gamma = \frac{\pi D n}{60\delta} \tag{2-1}$$

式中 γ——剪切速率(s^{-1}),最高剪切速率一般控制在 $500s^{-1}$;

　　　　D——混合器外径(mm);

　　　　n——混合器转速(r/min);

　　　　δ——混合器筒体与混合器外径之间的间隙(mm)。

通过模块构型、组合形式以及螺杆转速的变化,双螺杆挤出机可获得不同的混合、剪切和输送挤出能力,以满足不同缩聚反应阶段、不同相态和黏度物料的聚合要求。如:预混合阶段体系黏度小,需要充分快速地微观混合,故采用喷射混合器;预聚合阶段,体系黏度稍有上升,反应要求强烈混合,采用浅螺槽构型的模块,容易实现高剪切速率和控制较短停留时间;而后聚合阶段体系黏度大,要保证良好的混合,需要强大的剪切和挤出输送能力,故采用深螺槽型模块。此外,引入反向模块会增加轴间返混作用,调控反应物的停留时间分布,从而显著提高 PPTA 的分子量,这与三维数字模拟 PPTA 在双螺杆缩聚反应的研究结果相一致[12]。

PPTA 的缩聚反应对温度变化非常敏感,一旦体系温度超过 90℃,PPTA 的分子量会急剧下降,且副反应增多,溶剂的腐蚀性增加。因此,PPTA 缩聚体系的热量管理对保证聚合物的品质极为重要。聚合体系热源包括黏性耗散、反应热和传导热量三部分,其中大部分为反应热。热量引起温度升高会导致 PPTA 的黏度降低,因此必须及时移除。常用的移热方式为夹套冷却,我国清华大学[13]采用加入惰性液氮来移除 PPTA 缩聚反应热,取得了很好的效果,有望在工业化生产中得到应用。

2. 间歇聚合

阿克苏·诺贝尔公司公开了间歇式聚合方式批量制备 PPTA 的工艺方法[14]。反应器是兼具搅拌和破碎功能的卧式圆筒形桨叶混合器(Drais T2500 混合机,见图 2-15),水平搅拌轴上装有混合构件(桨叶),与筒壁间隙小于反应器内径的 1%。通过调整混合构件的形状和位置(排列),利用拖拽涡旋原理在轴向和径向上产生均匀混合,以满足 PPTA 缩聚反应不同阶段对均匀混合、高剪切应力和传送功能的要求。在筒壁两端加入 TPC,控制添加方式和流量,在 15min 以内完成反应,制得高品质高分子量 PPTA 聚合物,IV_{max} 达到 19.9。

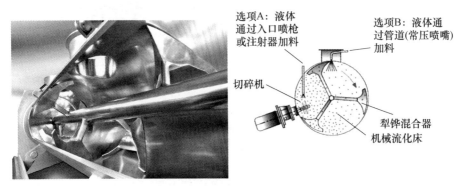

图 2-15　卧式圆筒形桨叶混合器及其混合原理

试验结果表明,与连续工艺比,间歇工艺的分子量分布要窄,且聚合物的固含量要高。

近年来,我国在 PPTA 合成新工艺方面取得了一定的进展,如清华大学王培建等[15]分别利用微反应器溶液聚合和反相悬浮聚合工艺制备了 PPTA 聚合体,重均分子量分别达到 16000 和 18000,为 PPTA 的商业化生产提供了新的工艺技术路线。

2.3.2　中和

缩聚反应生成的 PPTA 屑状物含有 NMP、$CaCl_2$ 和 HCl。采用 $NaOH$ 或

Ca(OH)₂溶液与 HCl 发生中和反应,生成含有聚合物、溶剂和盐的固液悬浮液。

2.3.3 水洗

PPTA 聚合体中含有大量的无机盐、氯化氢和聚合溶剂等杂质,会严重影响纺丝溶液的液晶性质和纤维纺丝成形。其中的钙离子(Ca^{2+})会与浓硫酸发生反应,生成硫酸钙($CaSO_4$)沉淀堵塞过滤器和喷丝板,影响生产的连续稳定,因此必须除去。如前所述,Ca^{2+} 和 Cl^- 离子能与 NMP 溶剂和聚合物形成缔合作用。在 pH≤4.5 的情况下,Ca^{2+} 与聚合物 PPTA 的结合力最低。当 pH≥5.5 时,Cl^- 与聚合物 PPTA 的结合力最低。洗涤顺序对离子的脱除效率具有决定性影响[17],必须先将悬浮液在 pH≤4.5 条件下去除钙离子(Ca^{2+}),再在 pH≥5.5 条件去除氯离子(Cl^-)。为降低水的消耗量,工业上一般采用多级逆流水洗的方法,其工作原理如图 2-16 所示。

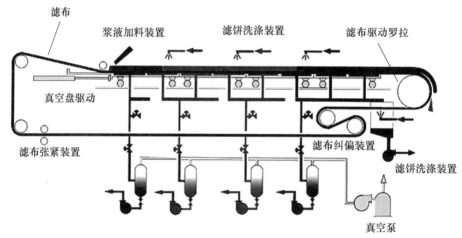

图 2-16 多级逆流水洗工作原理示意图

2.3.4 溶剂回收

PPTA 合成中,NMP 溶剂的用量很大且价格很高,因此必须回收循环利用。溶剂回收的技术难点是回收纯度(含水率不大于 100mg/kg)和回收率,前者影响 PPTA 聚合物的分子量,后者影响聚合物的生产成本。

溶剂回收路线有蒸馏法和萃取法。由于 NMP 母液含有大量水分、无机盐和低聚物,且 NMP 在 CaCl₂ 存在下受热易发生分解,耗能大,回收效率低,且回收溶剂质量低,因此 NMP 的工业化回收基本采用萃取-精馏工艺(图 2-17)。具体过程如下[18]:

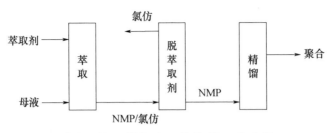

图 2 - 17 萃取法回收溶剂工艺路线

母液自液 - 液萃取塔下部进入,萃取剂氯仿自萃取塔上部进入,经液 - 液萃取塔连续萃取操作后,含 NMP 的萃取相由萃取塔底部排出,萃余相(主要是无机盐和水)从萃取塔顶部排出。萃余相进精馏塔底部,经精馏脱除氯化钙水溶液中的三氯甲烷,塔釜排出含 $CaCl_2$ 的水溶液经减压闪蒸提浓后,送出装置。萃取相进入脱萃取剂塔,通过蒸馏操作脱除萃取剂三氯甲烷。脱除萃取剂后的 NMP 溶剂进入溶剂回收塔,经减压操作进一步脱除焦油和其他重组分,从塔顶得到回收的 NMP。

2.3.5　干燥

微量水分在酸性条件下会与 PPTA 分子发生水解反应(图 2 - 18),使大分子降解,且生成不溶于硫酸的对苯二甲酸晶体,影响聚合物的溶解和溶液的液晶性质,堵塞原液过滤器和喷丝板,从而影响纺丝过程的稳定性,以及最终纤维的力学性能,因此 PPTA 在与硫酸混合溶解前必须将含水率降至 100mg/kg 以下。PPTA 的干燥过程可采用连续或间歇方式。

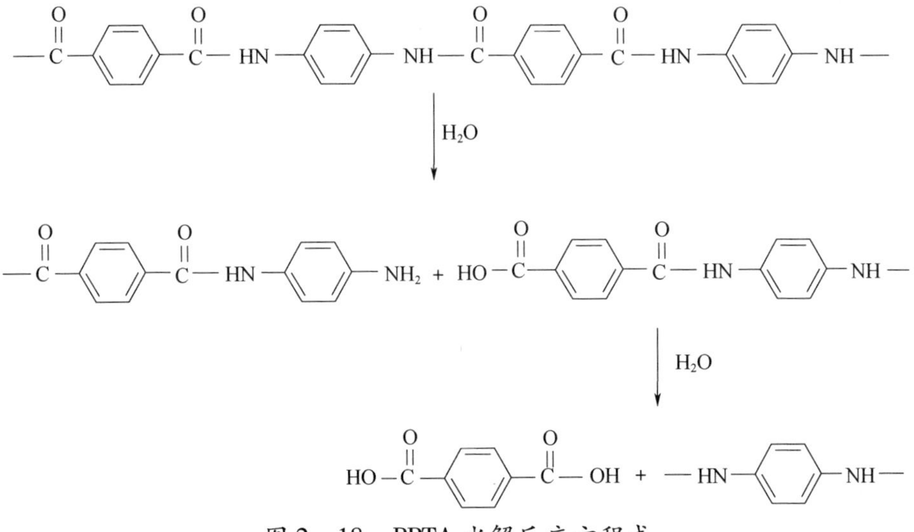

图 2 - 18 PPTA 水解反应方程式

2.3.6　PPTA 聚合体的性能

1. 主要性能指标

PPTA 聚合体的主要性能指标包括分子量大小及其分布（M_w/M_n）、聚合体的粒径大小及其分布和杂质含量（灰分）。

PPTA 聚合物分子量大小及其分布与对位芳纶纤维的力学性能直接相关，通常用特性黏数（IV）来表征。从理论上讲，聚合物的分子量越大，对应纤维的力学性能越高。有文献报道的 PPTA 聚合物的最高 IV 是 22（$M_w = 123000$），但随着聚合物分子量增加，在硫酸中的溶解将变得困难，同时溶液黏度增大导致加工困难。专利显示 IV 大于 5.0 的 PPTA 才满足高强高模纤维的纺丝要求。商业化 PPTA 的 IV 控制范围为 5.0~8.0（$M_w = 20000~40000$），分子量分布（M_w/M_n）2.0~3.0。

表 2-2　适合纤维制备要求的 PPTA 聚合体主要性能指标

指标	要求
特性黏数（IV）	5.0~8.0
重均分子量	20000~40000
分子量分布（M_w/M_n）	2.0~3.0
粒径/μm	80~800
杂质/（mg/kg）	≤1000
水分/（mg/kg）	≤100

聚合物粒径大小对 PPTA 在硫酸中的溶解性能有很大的影响，粒径偏大或偏低会导致溶剂不充分或降解。

PPTA 聚合物含有的杂质（如 $CaCl_2$、NaCl 和 NMP）会导致 PPTA-H_2SO_4 溶液性能变化，影响纺丝成形和纤维力学性能。

2. PPTA 分子量测定

PPTA 不溶于常规溶剂，只溶于浓硫酸、氟磺酸、甲磺酸等强质子酸，直接测试 PPTA 分子量只能采用特殊的耐腐蚀性设备，成本高，重现性差。目前，最常用的 PPTA 分子量测试方法是乌氏黏度计法。具体步骤：将配置 0.5g/dL 的 PPTA 浓硫酸溶液（96%），用毛细管内径 0.8mm 的乌氏黏度计在 30℃下测试溶剂和溶液的流出时间，按下式计算其 η_{inh}：

$$\eta_{inh} = \frac{\ln\left(\dfrac{t}{t_0}\right)}{c} \quad (2-2)$$

式中　t——PPTA 浓硫酸溶液的流出时间（s）；

　　　t_0——浓硫酸溶剂的流出时间（s）；

　　c——PPTA 溶液的质量浓度(g/dL)。

　　PPTA 溶液的特性黏数与其黏均分子量的关系符合 Mark-Houwink 方程,即 $[\eta]=k\overline{M}_w^{\alpha}$。对于 PPTA 的浓硫酸稀溶液,其特性黏数 $[\eta]$ 与重均分子量的关系式[19]如下:

$$[\eta]=7.9\times10^{-5}\overline{M}_w^{1.06}\quad(M_w>12000)\qquad(2-3)$$

$$[\eta]=2.8\times10^{-7}\overline{M}_w^{1.70}\quad(M_w<12000)\qquad(2-4)$$

参 考 文 献

[1] Termonia Y,Smith P. Theoretical study of the ultimate mechanical properties of poly(p – phenylene tereph-thalamide) fibres [J]. Polymer,1986,27:1845 – 1849.

[2] Vlodek Gabara,Jon D Hartzler,Kiu – seung Lee,et al. Handbook of fiber chemistry [M]. Menachem Lewin (Ed.),Boca Raton:CRC,2007:989 – 990.

[3] Morgan P W. Condensation polymer by interfacial and solution Methods [J]. Journal of the Society of Dyers & Colourists,1965,10(3):259.

[4] Hill H W,Kwolek S L,Morgan P W. Polyamides from Reaction of Aromatic Diacid Halide Dissolved in Cyclic Non – aromatic Oxygenated Organic Solvent and an Aromatic Diamine:US 3006899[P]. 1961 – 10 – 10.

[5] Agarwal U S,Khakhar D V. Enhancement of polymerization rate for rigid rod – like molecules by shearing [J]. Nature,1992,360(5):53 – 55.

[6] 郭澄龙,许甲,王力慧,等. 对苯二甲酰氯与 N – 甲基吡咯烷酮反应机理以及对聚对苯二甲酰对苯二胺聚合的影响[J]. 有机化学,2014,34:1132 – 1137.

[7] 朱华兰,刘克杰,李旭清,等. 酰胺 – 盐体系溶解聚对苯二甲酰对苯二胺的机制[J]. 合成纤维,2014,43(2):26 – 29.

[8] Panar M,Beste L F. Structure of poly (1,4 – benzamide) solutions[J]. Macromolecules,1977,10:1401 – 1406.

[9] Westerhof H P. On the structure and dissolution properties of poly(p – phenylene tereohthalamide) – effect of solvent composition[D]. Delft:Delft University of Technology,2009.

[10] Bice A R,Fitzgerald J A,Hoover A E. Preparation of Poly – p – phenyleneterephthalamide by mixing solution of p – phenylene diamine with molten terephthaloyl chloride:US 3884881[P]. 1975 – 05 – 20.

[11] Fitzgerald J A,Likhyani K K. Process for Producing Poly – p – phenyleneterephthalamide from solution of p – phenylene diamine and molten terephthaloyl chloride:US 3850888[P]. 1974 – 11 – 26.

[12] Tang H,Zong Y,Xi Z,et al. Numerical simulation of reactive extrusion for polycondensation of Poly(p – phenylene terephthalamide) (PPTA) [J]. Macromol. Symp,2014,333,305 – 312.

[13] 张涛,罗国华,魏飞. 原位相变移热法制备聚对苯二甲酰对苯二胺及其工程放大研究[J]. 中国科学:技术科学,2015,45:519 – 524.

[14] Bannenberg – Wiggers A E M,van Omme J A,Surquin J M. Process for the Batchwise Preparation of Poly – p – phenyleneterephthalamide:US 5726275[P]. 1998 – 03 – 10.

[15] Wang P,Wang K,Zhang J,et al. Preparation of poly(p – phenyleneterephthalamide) in a microstructured chemical system [J]. RSC Adv.,2015,5,64055 – 64064.

[16] Wang P,Wang K,Zhang J,et al. Non – aquaous suspension polycondensation in NMP – CaCl₂/parrafin sys-

tem – a new approach for the preparation of poly (p – phenyleneterephthalamide) [J]. Ch. J. of Polym. Sci. ,2015,33:564 – 575.

[17] Gabara V,Newell R M,Tsimpris C W. Process for Producing Para – aramid with Low Ca^{2+} and Cl^- Content:WO 92/14774[P]. 1992 – 09 – 03.

[18] 张大治. 芳纶Ⅱ生产中溶剂 NMP 回收工艺的研究与开发[D]. 天津:天津大学,2014.

[19] Schaefgen J R,Folidi V,Logillo V M,et al. Viscosity – molecular weight relationships in rigid – chain aromatic polyamides [J]. Polym. Prep. ,1976,17:69 – 75.

第3章
对位芳香族聚酰胺纤维的制备

对位芳香族聚酰胺的熔点很高($T_m \approx 560℃$),在熔融过程中或达到熔点时会发生分解,因此不能用熔融纺丝制备纤维,只能采取溶液纺丝(干法、湿法或干喷湿纺法,如图3–1所示)。干法纺丝是聚合物溶液通过喷丝板挤出后,溶剂在纺丝甬道中挥发后成纤。干法纺丝是间位芳纶 Nomex® 最适合的纺丝工艺,而 PPTA 在酰胺类溶剂中的溶解度较低,因此干法纺丝工艺受到局限。湿法纺丝是聚合物溶液挤出至非溶剂中凝固成纤,纤维经过水洗、拉伸工序后达到需要性能。由于湿法纺丝的喷丝板浸没在凝固浴中,原液温度和凝固浴温度基本相同。干喷湿纺的喷丝板与凝固浴之间隔有一段空气层,原液的挤出温度和凝固温度可以独立控制。如需加热原液来提高可加工流变性,又需低温凝固以避免微孔结构形成的纺丝体系中,干喷湿纺是唯一的选择。与湿法纺丝相比,干喷湿纺具有纺丝速度快、纤维取向度高等诸多优点,广泛用于聚丙烯腈(PAN)基碳纤维原丝和PPTA等高性能纤维的工业化制备。

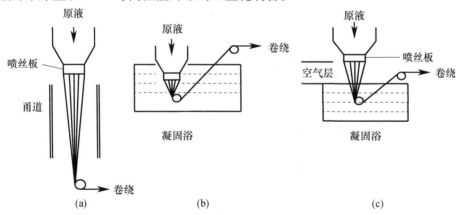

图3–1 干法纺丝、湿法纺丝和干喷湿纺法纺丝工艺示意图[1]

(a)干法纺丝;(b)湿法纺丝;(c)干喷湿纺法纺丝。

此外,还有一种反应纺丝工艺[2],即将 PPTA 预聚体(IV < 3.5dL/g)溶液直接纺丝,挤出的纤维在含有聚合促进剂(如吡啶)的溶剂中凝固,再经热拉伸直至聚合反应完成,最终纤维的特性黏数可达 5~6dL/g。

本章重点讨论采用干喷湿纺法纺丝工艺制备高强高模对位芳香族聚酰胺纤维的原理、影响纤维性能的主要因素以及工业化制备工艺流程。

3.1 纤维性能的影响因素

3.1.1 纺丝方法

纺丝方法对对位芳香族纤维的性能具有重要影响。从表 3-1 可以看出,采用干喷湿纺制得的 PBA 和 PPTA 纤维的力学性能远远高于湿法纺丝得到的同类纤维。这是由于干喷湿纺法在空气层中可以实现高倍拉伸,并在低温凝固成形过程中把纤维的取向状态固定下来,纤维不用后处理也可得到高强高模纤维。据称,反应性纺丝较湿法纺丝得到的纤维皮芯结构更加均匀,而直接纺丝得到纤维的耐摩擦性能更好。

表 3-1 PBA 和 PPDT 采用干喷湿纺和湿法纺丝纤维力学性能比较

工艺 \ 性能 \ 纤维	PBA			PPDT		
	T	E	M	T	E	M
湿法	7.2	3.2	350	7.0	9.1	173
干喷湿纺	19	4.0	570	26	3.7	750
注:T—强度(g/den);E—断裂伸长(%);M—初始模量(g/den)						

表 3-2 PPDT 干喷湿纺和湿法纺丝工艺特点比较

工艺	干喷湿纺	湿法纺丝
纺丝原液	高浓度,各向异性	低浓度
拉伸	空气层高拉伸	低拉伸
凝固浴	低温,凝固慢	高温,凝固快
力学性能	强度高,15~30g/den 模量可控,200~1000g/den 低伸长,<5%	低强度,<12g/den 中模量,100~500g/den 高伸长,≥10%
	直接得到高性能	需要热拉伸提高性能

3.1.2 聚合物分子量

PPTA 纤维高分子内作用力主要是化学键,分子间作用力主要是氢键。随着分子量的增加,分子内化学键和分子间氢键的数量同时增加,因此纤维的理论极限强度和模量随着分子量的增大而增大。研究结果表明,PPTA 纤维的极限拉伸强度与分子量的 0.4 次方成正比,即 $T \propto M^{0.4}$($10000 < M < 100000$),如图 3-2所示。因此,在保证加工性能的前提下,聚合物 PPTA 的分子量应尽可能高,以便实现纤维力学性能的最大化。

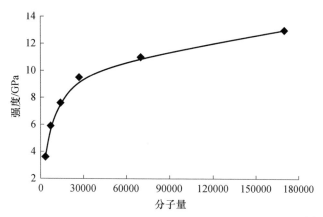

图 3-2　PPTA 纤维理论极限强度与分子量的关系[3]

3.1.3　纺丝原液(高分子液晶)的制备

PPTA $-100\% H_2SO_4$ 相图如图 3-3 所示。

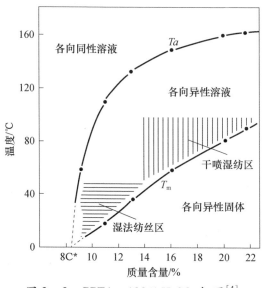

图 3-3　PPTA $-100\% H_2SO_4$ 相图[4]

PPTA 高分子链上的酰胺键在 100% 硫酸中发生质子化而带有正电荷,带有同性电荷的分子链相互排斥,克服分子间氢键作用力而发生溶解(图 3-4)。

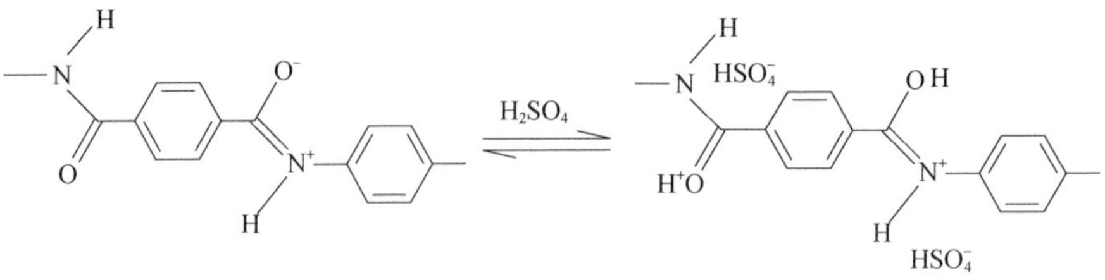

图 3-4　PPTA 在硫酸中的溶解机理[5]

酰胺键具有两种重要共振结构,如图 3-5 所示,这使基团的极性增加。C═N 双键(带电荷)形式的生成取决于介质,介质的极性越大,双键形式生成的概率越高。普通 C—N 的键长为 1.45Å,C═N 键长为 1.20Å,PPTA 中的 C—N 键长为 1.37Å,介于单键和双键之间,说明双键形式的存在。

图 3-5　酰胺键的共振结构

随着温度和浓度的变化,PPTA-H$_2$SO$_4$ 溶液体系将呈现各向同性溶液、各向异性溶液(液晶相)和固相三种相态。PPTA 溶液的液晶相是保证纤维性能的前提。从图 3-3 可知,形成液晶相的聚合物浓度范围为 8%~22%(质量分数)。其中,浓度在 15%~22%(质量分数)、温度为 80℃左右时适合空气层纺丝(干喷湿纺),而浓度为 10%(质量分数)、温度为 35℃时适合湿法纺丝。PPTA 在硫酸中的质量分数(浓度)越高,PPTA-H$_2$SO$_4$ 溶液的热稳定性越高。溶液温度升高倾向于形成各向同性溶液,在高温条件下,PPTA-H$_2$SO$_4$ 溶液体系液晶结构会发生不可逆破坏,不能形成连续的相畴。因此,纺丝溶液的温度必须严格控制。

3.1.4　纺丝成形条件[6]

由于干喷湿纺的溶液浓度和纺丝速率都远远高于湿法纺丝,且纤维在进入凝固浴前在空气隙中有高倍拉伸取向,纤维力学性能也远高与湿法纺丝。因此,无论从生产效率还是技术角度,干喷湿纺都是 PPTA 纤维的最佳纺丝工艺(图 3-6)。

纺丝溶液从喷丝孔出来后经过一段空气层,纺丝行程可分为以下五个区域:

Ⅰ——挤出流体胀大区:由于纺丝溶液在喷丝板毛细孔道中横向变形所产生的法向应力差,使得这个区域挤出流体的直径胀大到喷丝孔直径的 2~4 倍。

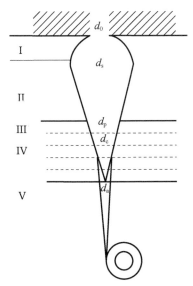

图 3 - 6　空气层纺丝(干喷湿纺)示意图

d_0—喷丝孔;d_s—挤出流体胀大或缩小;d_p—流体进入凝固浴直径;

d_c—细流开始凝固的直径;d_a—初生纤维的直径。

法向应力的大小以及由此产生的挤出口胀大(Die Swell)取决于喷丝孔的长径比、溶液黏度、松弛时间和流速。液晶高分子流体为各向异性,在通过毛细孔时高分子链受到剪切应力作用获得取向。当由模具出口挤出时,分子取向仍较为稳定,熔体细流保持原分子取向挤出,弹性能转化为维持分子取向的内能,因此在喷丝孔出口不出现挤出物胀大现象,甚至出现微小挤出物收缩。而 Celanese Research Company 的试验结果却表明,PPTA 原液的挤出物胀大效应随着剪切速率的增加而增大。

Ⅱ——流体在空气层中的纵向拉伸形变区:液晶高分子流体在空气层中发生高倍拉伸,且拉伸分子取向具有较高的稳定性,在纤维中易形成高度取向。提高纺丝溶液黏度和增加喷丝孔径可以提高空气纺丝过程的稳定性。

Ⅲ——凝固浴中纵向变形区:熔体细流进入凝固浴后到完全固化需要一个过程,在纺丝液完全固化前仍有相当大的纵向形变,即可以继续拉伸直至形成坚硬的皮层,这对提升纤维的力学性能具有重要的影响。

Ⅳ——纤维凝固区:纺丝熔体细流浸没在不良溶剂的瞬间,原液细流与凝固浴之间会产生温度梯度,以及良溶剂 - 不良溶剂浓度的双重扩散梯度。

熔体细流的径向温度梯度是聚合物高分子链向内部收缩的驱动力。温度梯度越大,则聚合物分子链收缩越明显,纤维结构就越致密。从纺丝原液细流的边缘到中心,径向温度梯度会不断降低,因而在温度梯度较高的外径部分形成结构致密的皮层结构,而越靠近中心,温度梯度越小,形成结构就越疏松。降低凝固浴温度会增加原液与凝固浴之间的温度梯度,利于纤维结构致密。

同样,从纺丝原液细流的边缘到中心,良溶剂浓度逐渐增加,对高分子链扩散的驱动力逐渐减小,形成结构逐渐疏松。上述温度梯度和浓度梯度的双重作用导致纤维边缘与中心的致密性差异,造成了皮芯结构的形成。因此,降低凝固浴浓度、温度以及喷丝孔直径均利于提高纤维的力学性能。

V——初生纤维的卷绕区:卷绕速率与挤出速率之比为拉伸比(SSF),对纤维高分子取向具有重要影响。当达到临界拉伸比时,丝条直径会产生脉动性变化(拉伸共振)。高分子液晶熔体挤出拉伸过程中,向矢受小扰动影响,出现液晶高分子的分子取向振幅产生振荡,最终可产生丝条振动。溶剂 – 凝固剂的扩散过程和纤维结构的演化将继续进行。

影响纤维力学性能的因素包括空气层高度、拉伸比以及纺丝张力。研究结果表明:纤维的模量和强度均随着拉伸比及纺丝张力的增加而增大;空气层高度降低,纤维强度增加;而模量与空气层高度关系不大。

3.1.5 热拉伸处理

将 PPTA 纤维在一定张力下加热处理(即热拉伸),高分子链在氢键作用下自动取向,纤维的取向度、结晶度进一步提高,从而制得高强高模的纤维。

3.2 PPTA 工业化制备工艺

工业上制备对位芳纶分为溶解、纺丝和热处理三个阶段,具体工艺参数见表 3 – 3。

表 3 – 3 PPTA 干喷湿纺纺丝工艺参数

溶解	聚合物特性黏数(IV)	5.0 ~ 8.0
	聚合物质量分数/%	19.5 ~ 20.0
	溶解温度/℃	80 ~ 90
纺丝	挤出速度/(m/min)	30 ~ 100
	空气层高度/mm	2 ~ 20
	卷绕速度/(m/min)	150 ~ 1000
	拉伸比	5 ~ 10
	凝固浴温度/℃	1 ~ 10
	喷丝孔/μm	40 ~ 80
	单丝纤度/den	1.0 ~ 3.0
热处理	温度/℃	250 ~ 500
	时间/s	2 ~ 6
	张力/(g/den)	2 ~ 7

3.2.1　聚合物

适合纺丝的 PPTA 聚合物规格见第 2 章。

3.2.2　溶剂

硫酸是最适合、最经济的 PPTA 的溶剂。硫酸的介电性能越高,其溶解能力越强。硫酸中的微量水分也能显著降低硫酸的介电性能,使其溶解 PPTA 的能力大幅降低,所以硫酸浓度最好控制在 100%(质量分数)。

由于硫酸的腐蚀性非常强以及溶解过程中会引起 PPTA 聚合物降解,我国学者尝试采用腐蚀性较弱的甲磺酸(MSA)[7] 做纺丝溶剂,制得了均一稳定的液晶溶液(质量分数 10%)。

3.2.3　油剂

油剂是为防止在纺丝及后续织造加工过程中由于摩擦或静电而产生毛丝,并引起纤维强度降低,可采用油浴、罗拉或喷嘴等多种上油方式。

3.2.4　液晶纺丝溶液的制备

PPTA 纺丝原液的制备包括溶解和脱泡两步操作,先将 PPTA 高分子和浓硫酸混合溶解,再进行脱泡处理制得纺丝原液,整个过程可采用双螺杆挤出机或双轴捏合机来同时完成,具体流程略有差别,如图 3-7 和图 3-8 所示。

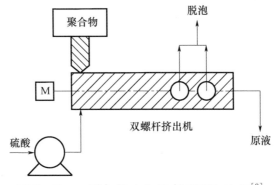

图 3-7　双螺杆挤出机溶解 PPTA 流程[8]

PPTA 溶解用的双螺杆挤出机包含输送、混合和捏合元件,具体方法是将精密计量的 PPTA 粉体和液体硫酸喂入挤出机导入区,输送到混合段后进行强烈混合并溶解,PPTA-H_2SO_4 溶液进行减压脱气后再加压挤出。由于双螺杆挤出机自由空间小,停留时间短,缓冲能力小,因此硫酸和 PPTA 的喂料均应采用高精密计量系统。

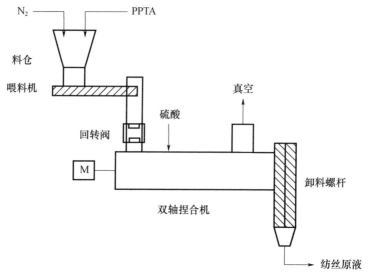

图 3-8　双轴捏合机溶解 PPTA 流程[9]

利用双轴捏合机溶解 PPTA,可以增大缓冲容量,降低 PPTA 和硫酸的进料计量系统的精度要求,具体操作方法与螺杆挤出机类似。

在 PPTA 的溶解过程中,必须严格控制 PPTA 的浓度和溶液的温度。浓度的变化会导致纤维纤度变化及液晶相的改变,由此引起纤维力学性能离散性的增大。温度过高引起聚合物的降解加快,尤其是超过 90℃时,PPTA 将会发生严重降解。

3.3　纺丝

3.3.1　干喷湿纺

目前商业化的 PPTA 纤维纺丝均采用干喷湿纺技术,装置如图 3-9(a)所示[10]。具体工艺过程是纺丝原液经过喷丝板挤出后,先经过空气层拉伸后,再进入稀硫酸溶液低温凝固成形。干喷湿纺技术最早由孟山都公司的科学家 H. S. Morgan 用于酰胺类溶剂-芳纶溶液的纺丝[11],纤维断裂强度较干法和湿法纺丝提高一倍。后由杜邦公司的科学家 H. Blade[12]用于 PPTA-H₂SO₄ 液晶溶液的纺丝,纺丝速度较湿法纺丝提高了 10 倍,纤维强度提高了近 1 倍。后来杜邦公司的科学家 H. H. Yang[13]发明了凝固浴加速装置,见图 3-9(b),又显著提高了对位芳纶纤维的强度。

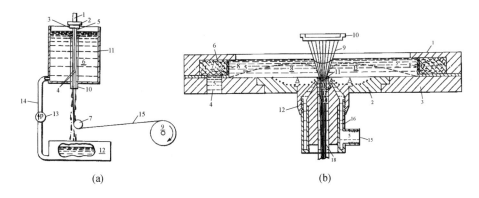

图 3 – 9　干喷湿纺纺丝装置示意图及凝固浴装置截面图

(a)干喷湿纺纺丝装置

1—原液管道;2—纺丝组件;3—喷丝板;4—长丝;5—空气层;6—凝固液;

7、8—导丝辊;9—丝筒;10—喷丝筒;11、12—容器;13—泵;14—管道;15—纤维。

(b)凝固浴装置

1—凝固浴;2—内置盘;3—支撑盘;4—入口;5—凝固液;6—分配环;

7—填料;8—多孔板;9—长丝;10—喷丝板;11—孔道;12—喷嘴;

13—唇边;14—管道;15—开口;16—通道;17—喷射孔;18—出口。

3.3.2　中和

对位芳纶初生纤维中含有的硫酸会引起 PPTA 聚合物降解和颜色变化,从而引起力学性能的大幅下降,因此必须彻底除去(含量低于 100mg/kg)。通常将纤维依次通过多级 NaOH 或 NaCO₃稀溶液槽和去离子水槽,也可采用多级喷淋的方式。

溶液中的稀硫酸可采用生石灰中和处理,或者经蒸馏提纯后重新用于聚合物的溶解。

3.3.3　干燥及热处理

对位芳纶长丝在惰性气体氛围下施加一定张力,通过电加热管或电热辊进行快速高温处理,可大幅提高其初始模量。

3.3.4　卷绕

对位芳纶长丝经过高速精密卷绕机进行卷绕成型,得到丝筒。根据纤度(旦数)不同,卷装大小从 1 ~ 10kg 不等。

参 考 文 献

[1] Micheal J, Sidney J R. Handbook of Fiber Science & technology: Vol. III, High Technology Fibers – Part A [M]. New York: Menachem Lewin & Jack Preston (Co – ed.), Marcel Dekker, Inc., 1989:349 – 393.

[2] Park H J, Rhim H S, Kim H M, et al. Process for Preparing Aromatic Polyamide fiber and film: EP246732 [P]. 1987 – 11 – 25.

[3] Termonia Y, Smith P. Theoretical study of the ultimate mechanical properties of poly(p – phenylene tereph-thalamide) fibres [J]. Polymer, 1986, 27:1845 – 1849.

[4] Bao J, You A, Zhang S, et al. Studies on the semirigid chain polyamide – poly(p – phenylene tereph-thalamide)[J]. J. Appl. Polym. Sci., 1981, 26:1211 – 1220.

[5] Westerhof H P. On the Structure and Dissolution Properties of Poly(P – phenylene terephthalamide): Effect of Solvent Composition[D]. Technische Universiteit Delft, 2009.

[6] Serkov A T, Danilin V A, Kotomina I N. Fiber Spinning Through an Air Gap[J]. Fibre Chemistry, 1975, 7 (1): 40 – 47.

[7] 刘倩, 胡祖明, 于俊荣, 等. PPTA 在甲磺酸中的溶解及其溶液性质初探[J]. 高科技纤维与应用, 2014, 39(6):35 – 39.

[8] Bernardus M K. Method For Dissolving PPTA in Sulfuric Acid Using A Twin Screw Extruder: US 7527841 [P]. 2009 – 05 – 05.

[9] Bernardus M K. Method For Dissolving Aramid Polymer in Sulfuric Acid Using A Double Shaft Kneader: US 8 309 642[P]. 2012 – 11 – 13.

[10] Blade H. Dry – jet Wet Spinning Process: US 3767756[P]. 1973 – 10 – 23.

[11] Morgan H S. Process for Spinning Wholly Aromatic Polyamide Fibers: US 3414645[P]. 1968 – 12 – 03.

[12] Blade H. High Modulus, High Tenacity Poly(p – phenylene terephthalamide) Fiber: US 7869430[P]. 1975 – 03 – 04.

[13] Yang H H. Spinning Process: US 4340559[P]. 1982 – 07 – 20.

第4章

对位芳香族聚酰胺纤维
化学与物理性质

作为高性能的高分子纤维,对位芳纶纤维具有强而韧的特点,突出的表现为高的拉伸强度和断裂伸长率,因而广泛应用于防弹领域中。芳纶纤维优异的力学性能源于其独特的化学结构和微观结构,直链型的刚性结构确保分子链沿着纤维方向有序地排列,并借助于分子间氢键规整的堆砌,同时刚性链贯串分子链末端富集区,大幅度地降低了拉伸过程的应力集中区域。除了优异的力学性能外,芳纶纤维同时具有耐高温性、耐腐蚀性和电绝缘性,因而在防护服、电绝缘材料、建筑耐腐蚀结构、耐高温输送带等领域也得以广泛应用。本章主要介绍对位芳纶纤维的基本物理和化学性质,包括基本的物理性质、力学性能、热性能和耐候性能。

4.1 基本物理性质

4.1.1 密度

对位芳纶纤维的密度为 $1.43 \sim 1.47 \mathrm{g/cm^3}$,它与纤维的结晶度密切相关,高取向度和结晶度的 Kelvar149 的密度为 $1.47 \mathrm{g/cm^3}$,而 Kevlar29 的密度为 $1.45 \mathrm{g/cm^3}$。与其他高性能纤维的密度相比,芳纶纤维的密度更低,如玻璃纤维密度为 $2.25 \mathrm{g/cm^3}$,碳纤维密度为 $1.8 \mathrm{g/cm^3}$。

4.1.2 纤度

目前,帝人公司和杜邦公司是对位芳纶纤维的主要生产商,为满足应用的需求,杜邦公司和帝人公司开发了不同规格的芳纶纤维。通常,纤维的粗细程度用纤度表示,即在公定回潮率下,9000m 纱线或纤维所具有质量(g),用旦(D)表示;1000m 纱线或纤维所具有质量(g),用特(tex)表示。帝人公司开发的通用型芳纶纤维 Twaron,主要有 840dtex、1100dtex、1680dtex 和 3360dtex 四种规格,如表4-1所列。

表4-1 帝人公司芳纶纤维的拉伸性能

纱线型号	纤度(dtex)/支数	拉伸强度/GPa	拉伸性能断裂伸长率/%	拉伸模量/GPa	备注
Twaron1000	840/500f	2.91	3.40	78	通用
	1100/1000f	3.04	3.45	78	
	1680/1000f	2.92	3.55	71	
	3360/2000f	2.87	3.75	67	
Twaron1014	1100/1000f	3.13	3.35	82	
Twaron1111	420/250f	2.85	2.80	98	中模
Twaron2200	1210/1000f	3.18	2.80	108	
Twaron1055	405/250	2.90	2.2	119	高模
Twaron2226	1210/1000f	3.18	2.80	100	黑色

数据来源:http://www.teijinaramid.com/zh-hans/aramids/twaron/

4.1.3 回潮率

回潮率又称吸湿率,是纤维的重要性能,它会影响纤维的力学性能、界面性能以及热稳定性。通常,回潮率是指样品经过 50℃烘干 2h 后,放置在相对湿度 55% 温度 20℃的环境中平衡后的吸湿量。不同规格的纤维,回潮率有一定的差异,Kelvar29 的回潮率为 7.0%,Kevlar49 的回潮率为 4.0%,Kevlar149 的回潮率为 1%。显然,纤维的回潮率与纤维的微细结构有一定的关联,特别是微孔结构。Auerbach[1]对比了尼龙 66 和 Kevlar29 两种纤维不同相对湿度下吸湿行为的差异,发现芳纶纤维每 2 个酰胺键吸收 1 个水分子,而尼龙 66 则是每 1 个酰胺键吸收 1 个水分子,表明芳香族聚酰胺纤维的吸湿能力低于脂肪族聚酰胺纤维。Mooney[2]分析了不同饱和蒸汽压下 Kevlar™吸湿和脱湿行为,与吸湿过程相比,脱湿过程具有明显的滞后性,他认为结晶结构吸湿的水分比微孔中的水分难脱出,因此脱湿过程具有滞后性,证实了纤维的吸湿与微孔结构相关。Saijo[3]采用 SAXS 研究了 Kevlar49 和 Kevlar149 的吸湿机理,结果表明芳纶纤维吸湿的水分主要集中在纤维微孔中,再次说明微观结构影响着纤维的吸湿行为。总之,芳纶纤维的吸湿性与自身的化学结构有着必然的联系,与其结晶结构也有直接的关系,而微孔形成毛细效应也影响着纤维的吸湿行为。

4.1.4 热膨胀系数

芳纶纤维热膨胀系数具有明显的各向异性且随温度的增加而降低,径向的

热膨胀系数为 $-5.7 \times 10^{-6}/℃$，而轴向的热膨胀系数为 $-66.3 \times 10^{-6}/℃$。

4.1.5　化学稳定性

芳纶纤维具有优异的化学稳定性和耐腐蚀性，大部分的有机溶剂对芳纶纤维的拉伸强度没有影响，但是在强酸和强碱下纤维容易发生降解，特别是高温和高浓度酸碱作用下。

4.1.6　杂质

芳纶纤维通常含有 0.5% ~1.5% 的杂质，这些杂质对纤维的吸湿性和耐候性有一定的影响。通常认为，纤维中的杂质主要成分为 Na_2SO_4，主要源自于凝固过程的中和反应，这些杂质在微纤间形成毛细管为纤维吸湿提供了通道。此外，纤维中还残留一定的金属盐和微量的 H_2SO_4，残留 H_2SO_4 可能会加速芳纶纤维老化。

4.2　力学性能

4.2.1　拉伸性能

不同规格的芳纶纤维拉伸性能略有差异，由表 4 - 1、表 4 - 2 可见，纤维的拉伸强度为 2.3 ~3.2GPa，拉伸模量为 70 ~140GPa。杜邦公司和帝人公司均开发了不同规格的芳纶纤维以满足不同应用方向，如防弹用的高强型和复合材料用的高模型。近十年来国产芳纶纤维也取得长足的进步，表 4 - 3 为国产芳纶纤维的拉伸性能，由表可见，国产高强型芳纶纤维的力学性能基本接近进口芳纶纤维。

表 4 - 2　杜邦公司芳纶纤维的拉伸性能

纱线型号	纤度(dtex)/支数	拉伸强度/GPa	拉伸性能断裂伸长率/%	拉伸模量/GPa	备注
Kevlar68		3.1	3.3	99	中模
Kevlar119		3.1	4.4	55	中模
Kevlar29	1500/1000f	2.9	3.6	71	高强
Kevlar129		3.4	3.3	99	高强
Kevlar49	1140/768f	3.0	2.4	112	高模
Kevlar149		2.3	1.5	143	高模

表4-3　国产 Taparan® 芳纶纤维的拉伸性能

国产牌号	规格	力学性能			特点及应用
		拉伸强度/(cN/dtex)	断裂伸长率/%	拉伸模量/GPa	
629	400D	≥23.0 CV≤3.0	≥3.5 CV≤3.0	85±5 CV≤1.0	高强纤维 防弹领域
	600D				
	800D				
	1000D				
	1500D				
529R	1000D	≥20.0	≥3.3	85±10	高伸长率纤维 汽车胶管
	1500D				
539	2800D	≥20.4	≤3.0	≥105	高模量纤维 输送带

　　芳纶纤维的拉伸性能与测试方法有密切的关系,目前,主要有单丝法和复丝法。单丝法,夹距基本为 20~50mm,拉伸速度为 10% 的夹距/min。复丝法,夹距为 250mm 或 500mm,拉伸速度为 50% 或 100% 的夹距/min。通常,复丝法测得的拉伸强度是单丝法的 80%~85%。图 4-1 为夹距和拉伸速度对纤维拉伸强度影响。由图可见,拉伸强度随着夹距的增加而降低,而与拉伸速度相关性较低。需要说明的是,本章谈及的拉伸性能均为准静态下的拉伸测试结果,在高速应变下拉伸性能将在第 6 章进行阐述。

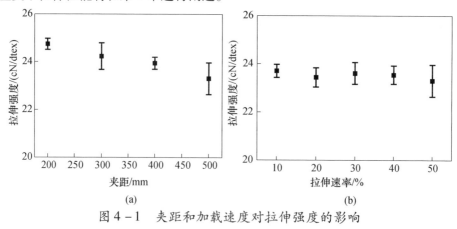

(a)　　　　　　　　　　　　(b)

图 4-1　夹距和加载速度对拉伸强度的影响

　　芳纶复丝的测试通常需要调湿调温和加捻处理:样品先在 (45±5)℃ 的环境平衡 3~6h,然后在相对湿度 55% 和温度 20℃ 的环境下至少平衡 14h;其后,样品加捻后进行测试。纤维加捻的目的是保证每根纤维承担的载荷相近,避免应力集中,提高测试的重现性。加捻的方法参照 ASTM D885-03,捻度 $T(t/m)$

定义为

$$T = \frac{1055 \pm 50}{\sqrt{N_{\text{tex}}}} \qquad (4-1)$$

式中　N_{tex}——线密度(tex)。

捻度虽然直观,但不能用于不同细度复丝加捻程度的比较,而捻系数与纤维细度无关,因而更具有应用价值,其定义为

$$\alpha = \frac{T}{10} \times \sqrt{N_{\text{tex}}} \qquad (4-2)$$

式中　T——捻度;

　　　N_{tex}——线密度(tex)。

采用不同的捻系数对几种典型的芳纶纤维进行拉伸测试。如图 4 - 2 所示,拉伸强度随着捻系数的增加而增加,捻系数在 100 左右出现拐点,其后随着捻系数的增加而缓慢地降低,拉伸模量随着捻系数的增加而降低。加捻后的纤维集束性增加,从而提高了纤维的拉伸强度。拉伸模量与纤维的取向有直接的相关性,纤维加捻后,分子链方向与拉伸方向发生改变,相当于降低了纤维的取向程度,故拉伸模量随着捻系数的增加而降低。

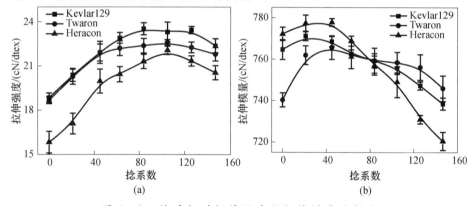

图 4 - 2　捻系数对拉伸强度和拉伸模量的影响

芳纶纤维的拉伸性能优于传统工业纤维,与其他高强纤维相比,其拉伸性能也具有一定的优势。芳纶纤维的比强度是钢丝的 2 倍,比拉伸模量优于玻璃纤维和钢丝,且最高使用温度高达 250℃,明显高于 UHMWPE 纤维。防护领域是芳纶纤维的主要应用方向,原因是芳纶纤维高的比拉伸强度和适中的拉伸模量,图 4 - 3 比较了几种高强纤维的拉伸性能,由图可见,PBT、M5 和 PBO 纤维具有高的比拉伸模量,为芳纶纤维的 2 ~ 3 倍,而 SVM、Armos、PBO 和 M5 纤维具有高的比拉伸强度,为芳纶纤维的 1.2 ~ 2 倍;Terlon 和 Technora 纤维的分子结构与芳纶相似,因而其拉伸强度和拉伸模量均与芳纶相近。PBO 纤维力学性能优异,但在湿热环境易水解,影响其应用,而 M5 纤维和 PBT 纤维尚处于研制阶段。

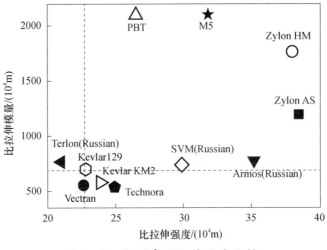

图4-3 新型高强纤维性能比较

4.2.2 压缩性能

芳纶纤维的压缩强度较低,仅为0.7GPa,压缩应变为0.5%~0.7%。当其受到径向压缩载荷或严重的弯曲时,容易发生塑性形变,形成55°~60°"结"缺陷。"结"缺陷会导致纤维拉伸强度降低,Deteresa[4]发现,经过轴向压缩后,纤维的拉伸强度降低10%。

Andrews等[5]采用四点弯曲法并结合拉曼光谱分析芳纶纤维压缩过程的变形机理(图4-4),压缩过程中拉曼光谱向低波数移动,因而推断芳纶纤维的压缩断裂机理为压缩导致芳纶纤维分子链剪切滑移,随着压缩应变的增加,"结"缺陷的数量也显著增加,因而纤维的拉伸强度下降。此外,压缩性能与分子链的取向有一定的关系,适当地降低分子链的取向程度可以提高压缩应变,但同时也

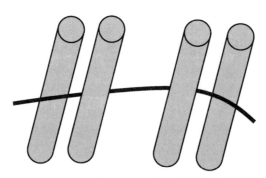

图4-4 四点弯曲法测量纤维的压缩性能

会降低纤维的拉伸性能,因而通过交联等方式改善分子间作用力,可能更利于增强压缩性能。

4.2.3　剪切性能

剪切强度常采用扭转方法测量,Kevlar49 纤维的拉伸强度与压缩强度、拉伸强度与剪切强度、拉伸模量与剪切模量之间的比值分别为 5、17、70,表明芳纶纤维的剪切性能与拉伸性能有显著的相关性。Deteresal[5] 发现,经过 10% 的扭转应力作用后,纤维的拉伸强度降低 10%,同时拉伸强度随着剪切应变率增加而直线降低。Warren[6] 认为,芳纶纤维的拉伸断裂与剪切强度具有一定的相关性,而且纤维拉伸断裂与剪切破坏的方式非常相似。表 4-4 比较了 14 种芳纶纤维的剪切强度与拉伸强度,剪切强度基本上与拉伸强度呈线性关系。

表 4-4　芳纶纤维拉伸强度与剪切性能的关系

编号	拉伸强度 /(cN/dtex)	剪切模量 /GPa	剪切强度 /GPa	剪切应变 /%
1	25.0	1.84	70	7.0
2	24.0	1.81	66	6.3
3	20.1	1.87	64	5.8
4	24.1	1.79	82	9.3
5	27.3	1.65	88	11.0
6	30.0	1.8	95	11.4
7	26.0	1.77	71	7.5
8	28.3	2.01	93	9.2
9	26.4	1.71	94	10.7
10	24.9	1.52	64	7.2
11	27.5	1.84	91	9.6
12	28.5	2.19	87	6.9
13	27.7	1.94	110	8.8
14	16.2	0.95	25	3.7

4.2.4　抗摩擦性能

芳纶纤维耐摩擦性能较差,主要原因是微纤间存在较弱的次级相互作用力,芳纶纤维与其他纤维或者金属表面接触时,表面特别容易形成毛丝,如图 4-5 所示。在机械搅拌过程中,纤维表面形成大量 30nm 左右的微纤,表明纤维的抗摩擦性能差。因此,大部分的芳纶纤维表面都覆盖一层油剂,降低加工过程中纤维摩擦损伤。

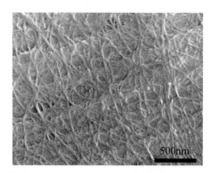

图 4-5 机械搅拌过程生成的毛丝

4.3 热性能

4.3.1 玻璃化转变温度、熔点和降解温度

芳纶纤维具有高玻璃化转变温度 T_g 和热降解温度 T_d，T_g 高达 320~380℃。目前还没有准确测量芳纶纤维 T_g 的方法，主要原因是芳纶纤维结晶度和取向度高，相转变过程不明显。Rao[7]采用 DMA 分析了热处理前后的芳纶纤维热力学性能，发现未处理的芳纶纤维有两个相转变，分别在 220℃ 和 350℃，Rao 认为 220℃ 对应于结晶区的 β 松弛，而 350℃ 为 α 松弛，即为芳纶纤维的玻璃化转变温度。图 4-6 为几种典型芳纶纤维的损耗因子 tanδ 与温度的关系图，图中可以看出四种纤维在 200℃ 有明显的相转变峰，对应于分子间氢键结构变化，而 Taparan 纤维在 280℃ 左右还有一个相转变峰，可能对应于晶区 α 松弛。

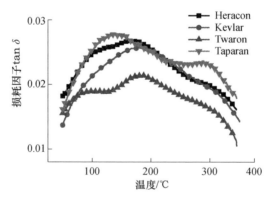

图 4-6 芳纶纤维损耗因子与温度的关系

PPTA 具有刚棒结构,不少学者根据其结构推测 PPTA 可能属于热致液晶,但由于其熔点高于其降解温度,所以其热致液晶行为也难以证实。芳纶纤维的熔点约为 570℃,图 4 - 7 为芳纶纤维的 DTA 曲线,然而该温度与热降解速率最快对应的温度非常接近(572℃),两者难以区分。

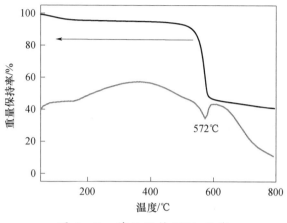

图 4 - 7　芳纶纤维 DTA 曲线

热降解温度是评价高性能纤维耐热性能的重要指标,芳纶纤维降解机理与气氛有关,氮气和空气中开始热降解的温度分别为 530℃ 和 566℃。图 4 - 8 为不同强度的芳纶纤维的 TGA 曲线,S-1、S-7 分别为该体系中拉伸强度最高和最低的纤维,而 S-4、S-7 分别为拉伸模量最低和最高的纤维。从图中可以看出,芳纶纤维的热降解过程与纤维的强度和模量并没有直接对应的关系。图 4 - 9 为热降解过程的 SEM 图,经过 530℃ 热处理后纤维变黑,由 SEM 图看出纤维表面发生轻微炭化。900℃ 热降解后,纤维平均直径由原来的 12.5μm 变成 10μm 左右且形成大量的微孔。图 4 - 10 为 FTIR 联用 TG 分析热降解过程。从图可知:

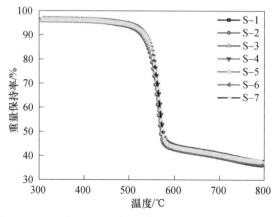

图 4 - 8　7 种不同强度的芳纶纤维 TGA 曲线(N₂)

在500℃以前并未发生降解;500~600℃之间,纤维发生氧化降解,生成大量CO_2和H_2O,同时生成HCN和NO_2;700℃以后纤维基本不再发生降解。另外,从CO_2峰强度的变化可以看出,芳纶纤维的热降解分为两个步骤,而可能机理有两种:热降解过程首先发生在皮层,皮层和芯层致密程度的差异,导致热降解机理的差异;另一原因可能为酰胺键先氧化降解,其后是苯环氧化降解。

(a)   (b)

图4-9 热降解过程的纤维SEM(N_2,530℃和900℃)

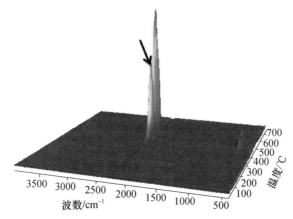

图4-10 热降解过程的FTIR(空气)

4.3.2 热稳定性和阻燃性

芳纶纤维具有优异的热稳定性,可以在高于150℃的温度下长期使用。图4-11为7种不同强度的芳纶纤维的DMA曲线。常温下,芳纶纤维的储能模量为70~100GPa,150℃之前储能模量保持不变;当温度到达350℃时,储能模量保持率为70%。芳纶纤维强度随着温度的升高而缓慢地下降,强度为零的温度为455℃。

对位芳纶纤维的极限氧指数为25~29,基本与间位芳纶一致。图4-12对比了新型的高性能纤维的极限氧指数。PPTA纤维的极限氧指数高于Technora纤维,与聚芳酯纤维相近,但低于Armos纤维、M5纤维和PBO纤维。

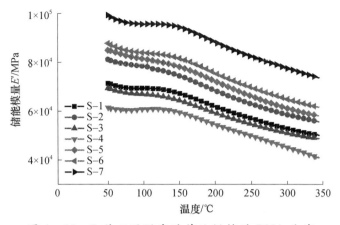

图 4-11　7 种不同强度的芳纶纤维的 DMA 曲线

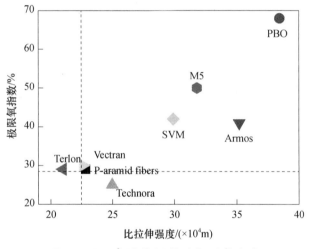

图 4-12　高性能纤维的极限氧指数

4.4　耐候性

　　2003 年,美国"深水事件"以后,国内外对防弹材料的服役性能提出了更多的要求,NIJ 以及国内的警用和军用标准都将老化处理后的防弹性能作为防弹衣的评估标准之一。因而,耐候性能是高性能纤维的重要评估性能指标。

4.4.1　热氧老化

从热失重曲线可以看出,芳纶纤维在有氧环境下降解较快,因而可以推断氧气对芳纶纤维的稳定性有重要的影响。图4-13为热氧老化过程中芳纶纤维拉伸强度的衰减曲线,拉伸强度随着老化时间呈指数形式,即前期有明显的降低,其后拉伸强度基本保持不变。国产芳纶纤维和国外纤维在热氧环境下具有相似的规律,经过16周热氧老化后,Kevlar、Twaron和国产芳纶纤维的拉伸强度保持率均为60%。老化后的芳纶纤维拉伸模量均有一定程度提高,原因是应力作用下分子链取向提高,老化2周后,拉伸模量基本保持不变。

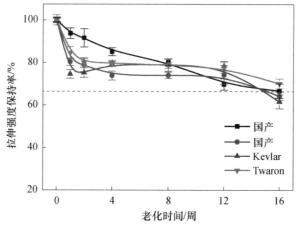

图4-13　国内芳纶纤维的热氧老化(150℃)

4.4.2　光老化

芳纶纤维的耐光性能一直备受诟病,原因是长时间光照的作用下,芳纶纤维颜色加深且拉伸强度显著降低。光降解的机理需要满足两个条件,光谱的能量被聚合物吸收,同时吸收的能量足以打破化学键。芳纶纤维吸收光谱与自然光谱则有两个重叠区域,分别为300nm和450nm。通常情况下,只有部分光源如白炽灯和荧光灯发射该波段的光,因此使用中需要谨慎处理。图4-14为Kevlar光老化过程中拉伸强度和分子量的变化趋势。光老化后,纤维的拉伸强度显著降低,8周后拉伸强度保持率为25%,相比拉伸强度,纤维的比浓黏度保持率为80%,这意味着光老化过程只有少部分分子链的断裂就可以导致纤维拉伸强度的大幅度的降低。图4-15为光老化过程纤维表面形态的演变规律。未老化的纤维表面光滑,基本没有缺陷;老化2周后纤维表面出现了明显的横纹,随着老化时间的延长,横纹形态更明显;老化8周后,表面形成了间距为200nm的横纹。SEM的结果表明,光老化过程主要以皮层降解为主。

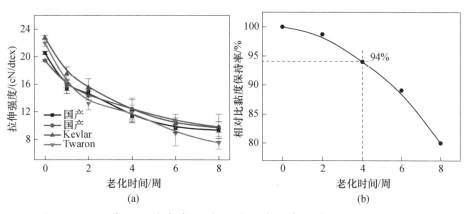

图 4 – 14　芳纶纤维光老化过程的拉伸强度和分子链演变的规律

图 4 – 15　光老化过程的表面形态演变

（a）未老化；（b）老化 2 周；（c）老化 4 周；（d）老化 8 周。

4.4.3　湿热老化

美国"深水事件"之后,芳纶纤维湿热环境稳定性一直备受关注,芳纶纤维可能发生一定程度的降解导致拉伸强度降低。图4-16总结了芳纶纤维在湿热环境下的老化行为[8-16]，主要特征有：①随着老化温度的升高和时间的延长，拉伸强度下降更明显，且与老化时间呈指数衰减；②模拟海水环境和弱碱性环境中拉伸强度下降速率低于中性环境；③强碱性环境，拉伸强度下降明显；④相对湿度（图中箭头所示）对拉伸强度影响不显著。

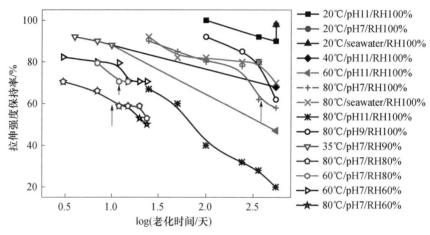

图4-16　湿热老化对芳纶纤维拉伸强度的影响

研究发现，湿热老化后芳纶纤维的比浓黏度显著降低，表明水解是湿热老化的主要机理，如图4-17所示。有趣的是，H. Springer和Washer采用红外光谱分析纤维的化学结构时均未观察到水解生成的羧基峰。H. Springer认为水解主要发生在微纤间的连接带。我们采用AFM对比了老化前后纤维的表面形貌，如图4-18所示，老化后纤维的表面反而更加光滑，很显然纤维的表面降解并非湿热老化的主要机理，这一点与光老化形成显著的对比。图4-19为湿热老化前后纤维的断面形貌，老化后纤维的IV降低60%。由图可见，经过湿热老化后，纤维芯层破坏程度明显高于皮层，因而湿热老化更可能发生在纤维的芯层。

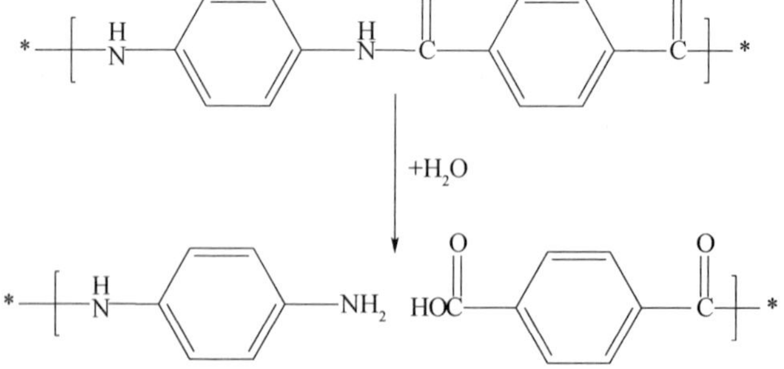

图4-17　芳纶纤维的水解机理

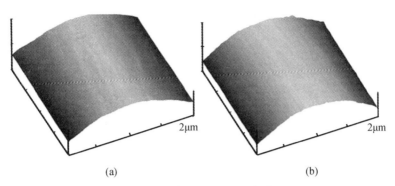

(a)   (b)

图 4 – 18   芳纶纤维的水解机理

（a）未老化；（b）90℃，老化 12 周。

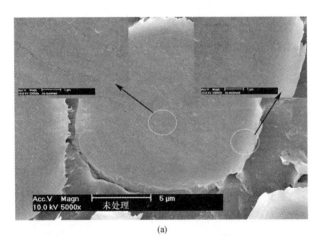

(a)

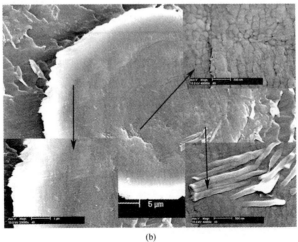

(b)

图 4 – 19   芳纶纤维老化前后的断面形貌

（a）老化前；（b）老化后。

为进一步证实上述假设,我们采用 SAXS 分析了芳纶纤维老化前后的微孔结构。图 4-20 为湿热老化前后芳纶纤维二维小角散射图。由图可知,芳纶原丝的散射形状为钻石形,且具有明显的取向性。湿热老化后,在高的散射矢量 q(远离中心)位置,散射的强度随着老化温度的升高和时间的延长逐渐地增加,表明湿热老化后,形成了新微孔并且沿着纤维方向排列。通常采用 Ruland's steak 方法模拟来计算 SAXS 微孔尺寸,经过湿热老化形成的新微孔尺寸为 10~12nm。

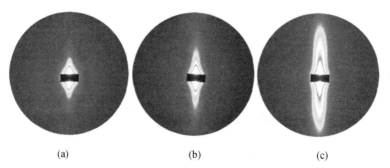

(a)　　　　　　　　(b)　　　　　　　　(c)

图 4-20　湿热老化前后芳纶纤维的 2D-SAXS 图

(a)原样;(b)90℃,老化 4 周;(c)90℃,老化 12 周。

根据芳纶纤维分子结构、皮芯结构以及微孔结构的演变规律,提出了湿热老化可能的机理,如图 4-21 所示:老化前期,芳纶纤维的水解主要以微纤间的连接带为主;随着微纤连接带的水解,内部缺陷的增加,水分子扩散到纤维取向的无定形区,该区域分子链水解形成新的取向微孔。

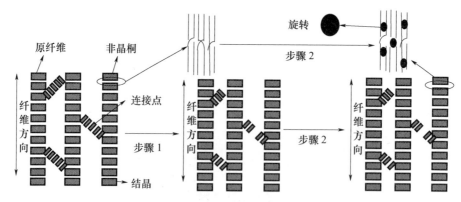

图 4-21　芳纶纤维湿热老化过程中可能的老化机理

4.5　小结

芳纶纤维在三大高性能纤维中综合性能优异,是重要的军民两用材料。芳纶纤维具有高的热稳定性,熔点高于530℃,玻璃化转变温度约为375℃,氮气气氛和空气气氛的开始降解的温度高于500℃;阻燃性高,极限氧指数为28;密度低,比强度和比模量高;具有优异的电绝缘性;海水、油和溶剂环境稳定;低的耐摩擦性;优异的耐辐照性,但耐紫外线性能差。

参 考 文 献

[1] Auerbach I,Carnicom M L. Sorption of Water by Nylon 66 and Kevlar 29:Equilibria andKinetics[J]. Journal of Applied Polymer Science,42(9):2417 – 2427.

[2] Mooney D A,MacElroy J M D. Differential water sorption studies on Kevlar TM 49 and as – polymerised poly (p – phenylene terephthalamide):adsorption and desorption isotherms[J]. Chemical Engineering Science, 2004,59(11):2159 – 2170.

[3] Saijo K,Arimoto O,Hashimoto T,et al. Moisture sorption mechanism of aromatic polyamide fibres:diffusion of moisture into regular Kevlar as observed by time – resolved small – angle X – ray scattering technique[J]. Polymer,1994,35 (3):496 – 503.

[4] Deteresa S J,Allen S R,Farris R J,et al. Compressive and torsional behaviour of Kevlar 49 fiber[J]. Mat. Sci. ,1984,19(1):57 – 72.

[5] Andrews M,Lu D,Young R. Compressive properties of aramid fibres[J]. Polymer,1997,38 (10): 2379 – 2388.

[6] Warren F K. Relationship between the tensile and shear strength of aramid fibres[J]. Journal of materials science letters,1987,6 (12):1392 – 1394.

[7] Rao Y,Waddon A,Farris R. The evolution of structure and properties in poly (p – phenylene terephthalamide) fibers[J]. Polymer,2001,42 (13):5925 – 5935.

[8] Arrieta C,David E,Dolez P,et al. Hydrolytic and photochemical aging studies of a Kevlar® – PBI blend[J]. Polymer Degradation and Stability,2011,96(8):1411 – 1419.

[9] Derombise G,Chailleux E,Forest B,et al. Long – term mechanical behavior of aramid fibers in seawater[J]. Polymer Engineering and Science,2011,51(7):1366 – 1375.

[10] Derombise G,Vouyovitch L S,Bourmaud A,et al. Morphological and physical evolutions of aramid fibers aged in a moderately alkaline environment[J]. Journal of Applied Polymer Science,2012,123(5):3098 – 3105.

[11] Derombise G,Schoors L V V,Davies P. Degradation of technora aramid fibres in alkaline and neutral environments[J]. Polymer Degradation and Stability,2009,94(10):1615 – 1620.

[12] Derombise G,Schoors L V V,Davies P. Degradation of aramid fibers under alkaline and neutral conditions: Relations between the chemical characteristics and mechanical properties[J]. Journal of Applied Polymer Science,2010,116(5):2504 – 2514.

[13] Derombise G,Schoors L V V,Messou M F,et al. Influence of finish treatment on the durability of aramid fibers aged under an alkaline environment[J]. Journal of Applied Polymer Science,2010,117(2):888 – 898.

［14］ Forster A L, Pintus P, Guillaume H R, et al. Hydrolytic stability of polybenzobisoxazole and polytereph-
thalamide body armor[J]. Polymer Degradation and Stability,2011,96(2): 247 –254.

［15］ Springer H,Obaid A A,Prabawa A B,et al. Influence of Hydrolytic and chemical treatment on the mechani-
cal properties of aramid and copolyaramid fibers[J]. Textile Research Journal,1998,68(8): 588 –594.

［16］ Washer G, Brooks T, Saulsberry R. Investigating the effects of aging on the Raman scattering of Kevlar
strands[J]. Research in Nondestructive Evaluation,2008,19(3): 144 –163.

第 5 章

对位芳香族聚酰胺纤维的结构

    PPTA 分子具有伸直的刚性结构,当在浓硫酸中溶解浓度大于 10%(质量分数)时,可以形成溶致液晶。目前,对位芳纶纤维的纺丝工艺多采用干喷湿纺法的液晶纺丝工艺,可以获得高的分子取向度和结晶度。显然,芳纶纤维的结构受到纺丝工艺的影响,比如,芳纶纤维的皮芯结构受到凝固浴的条件和拉伸速度的影响,经过热处理的芳纶纤维分子链具有更高的取向度。芳纶纤维具有独特的宏观结构和微观结构,如结晶结构、折叠结构、微纤结构和皮芯结构等,这些结构与芳纶纤维有密切的相关性,特别是拉伸性能。本章主要介绍芳纶纤维的化学和物理结构,并探讨这些微观结构与纤维的力学性能的相关性。

5.1　对位芳纶纤维的分子量及其分布

5.1.1　对位芳纶纤维的分子量

    聚合物分子量常用的测量方法有光散射法、黏度法、凝胶色谱法和端基分析法。通常,测量 PPTA 树脂或纤维的分子量的方法为黏度法,采用乌氏黏度计测量浓度为 5g/L 浓硫酸溶液的黏度,称为固有黏度(或称比浓黏度),其计算方法为:

$$\eta_{Inh} = \frac{\ln(t_1/t_2)}{c} \qquad (5-1)$$

$$[\eta] = \lim_{c \to 0} \frac{\eta_{Inh}}{c} \qquad (5-2)$$

式中　t_1——溶液流过黏度计的时间;

      t_2——溶剂流过黏度计的时间;

      c——聚合物在质量分数为 96% 浓硫酸的浓度,通常为 0.5g/dL(5g/L),

          测试温度为 30℃。

固有黏度与溶液的浓度有关,不能完全反映 PPTA 的相对分子量,因此获取 PPTA 分子量的信息,需要测量其不同浓度的比浓黏度,然后回归得到特性黏数,如式(5-2)。特性黏数与聚合物的 M_w 有直接的对应关系,Ying[1]通过光散射测量的分子量与特性黏数建立相关性:

$$[\eta] = 2.810^{-7} M_w^{1.70} \quad (M_w < 12000) \tag{5-3}$$

$$[\eta] = 7.910^{-5} M_w^{1.06} \quad (M_w > 12000) \tag{5-4}$$

对于商业的芳纶纤维,其固有黏度均超过 4dL/g,PPTA 数均分子量为 20000 时,对应的聚合度为 84,分子链链长为 108nm。Kevlar 系列纤维的分子量固有黏度均高于 5.3dL/g,高模量的 Kevlar149 具有更高的固有黏度,基本上超过 10dL/g。

聚合物的理化性质与 PPTA 的分子量有密切的关系,包括拉伸强度、玻璃化转变温度、熔点等。测量了不同分子量 PPTA 纤维的热降解温度,发现氮气气氛下,热降解温度基本为 567℃,与 PPTA 的分子量没有直接的关系。图 5-1 和图 5-2 为老化前后,PPTA 纤维的分子量与拉伸强度的关系。从图中可以看出,无论是湿热老化还是光老化,PPTA 的拉伸强度均随着分子量(相对比黏度)的降低而降低,表明芳纶纤维的拉伸强度与纤维的分子量有着密切关系。因而,提高 PPTA 树脂的分子量和降低纺丝过程中分子量的降解是提高 PPTA 纤维拉伸强度的重要途径。

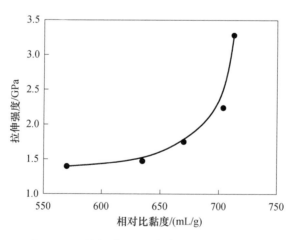

图 5-1　模拟自然环境老化后,芳纶纤维
相对比黏度与拉伸强度的关系

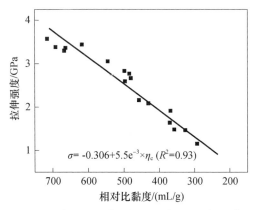

图 5 - 2　湿热老化后,相对比黏度与拉伸强度的关系

5.1.2　对位芳纶纤维的分子量分布

聚合物的分子量具有多分散性,它对材料的力学性能和理化性能有重要的影响,特别是高性能纤维。高性能纤维的理论强度计算是基于聚合物分子量的单分散性,在拉伸过程中低分子量的分子链更容易滑移,导致拉伸强度降低,实际的拉伸强度与理论值有显著的差异。因此,PPTA 纤维的分子量分布测量便于加强芳纶纤维质量控制,有助于聚合物溶液的性质、聚合反应机理和老化降解动力学等研究。

PPTA 的溶剂非常有限,目前仅有浓硫酸、氯磺酸和甲烷磺酸等溶剂,这些溶剂都具有强烈的腐蚀性和强氧化性,因而采用 GPC 测量分子量分布的方法难以实施。Ogata 等[2]采用溴丙烷改性 PPTA 的酰胺键,破坏了 PPTA 分子间的氢键,烷基化后的聚合物可以溶解在四氢呋喃溶液中,通过 GPC 就可以间接测量 PPTA 分子量的分布,其过程如图 5 - 3 所示。Ogata 测量了固有黏度为 2.24dL/g、1.14dL/g 和 0.67dL/g 的 PPTA 树脂,其分散性指数(PDI)分别为 1.85、1.63 和 1.37。显然,该方法解决了 PPTA 溶解困难的问题,但也存在一定的不足:烷基化的方法主要发生在界面,反应效率低;分析的样品分子量偏低,对高分子量的树脂和纤维难以适用;反应过程中是否发生降解难以考证,因而该方法至今仍难以推广。

尽管 GPC 直接测量 PPTA 的分子量分布难度大,但仍有不少学者在这方面进行尝试,其原因是 GPC 的方法更直接有效。M. Arpin 和 C. Strazielle[3]研究了 PPTA/H_2SO_4 溶液和 PS/THF 溶液在相同的凝胶色谱柱淋出体积与分子量的关系,结果表明两者非常相似,因此可以通过 GPC 中 PS 的标准曲线来分析 PPTA 的分子量分布,如图 5 - 4 所示。从图中可以看出,低分子量的 PPTA 其 GPC 曲线对称性较好,而 η_{inh} 为 5.1dL/g 的样品 GPC 曲线则对称性差,可能的原因是淋出体积较小时,色谱柱对 PPTA 的选择性差。根据此法测得的 PPTA 树脂的分子量分布 M_w/M_n 在 1.51~3.20 之间。总之,烷基化测量 PPTA 树脂分子量分布的方法比较适合低分子量的树脂和纤维的表征,而高分子量的 PPTA 分子量分布难以表征,需要开发耐腐性和选择性更强的凝胶色谱柱。

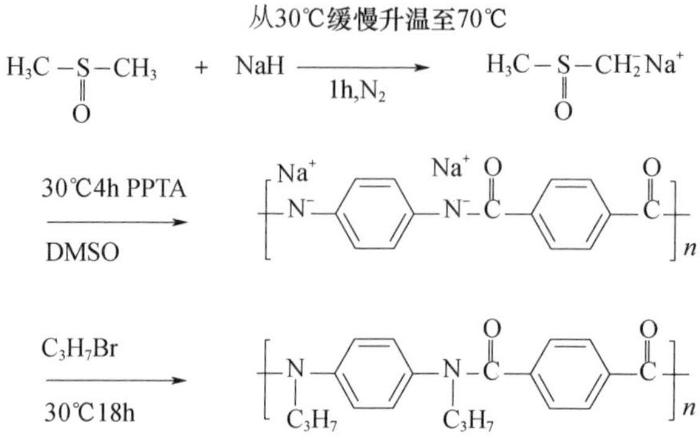

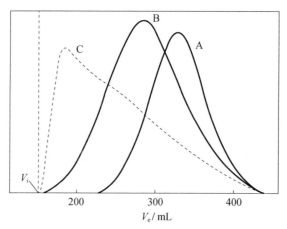

图 5-3 PPTA 的烷基化改性

图 5-4 GPC 方法测量 PPTA 分子量分布(96% 的 H_2SO_4 溶液,A—η_{inh} 为 0.5dL/g;B—η_{inh} 为 1.83dL/g;C—η_{inh} 为 5.1dL/g)。

5.2 纤维物理结构

5.2.1 结晶结构

芳纶纤维是通过液晶纺丝的方法获得,聚合物链沿着纤维方向有序排列,因此纤维具有高的分子取向度和结晶度。广角 X 衍射(XRD)是研究芳纶纤维结晶结构和结晶取向程度最常用的手段。图 5-5 为芳纶纤维的 2D-XRD 图(透射模式),在赤道方向有两个尖锐的衍射峰(20.5°和 22.9°),分别对应于[110]晶面和[200]晶面,而子午方向的则有一对弱的衍射峰(7.0°),对应于[001]晶面。图 5-6 分别为芳纶纤维赤道方向和子午方向的衍射曲线(反射模式),从图可见,芳纶纤维的在子午方向的衍射峰非常尖锐,表明纤维中基本不含有无定形区或者未取向的晶区。

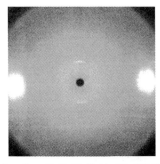

图 5-5　芳纶纤维的 2D-XRD 图

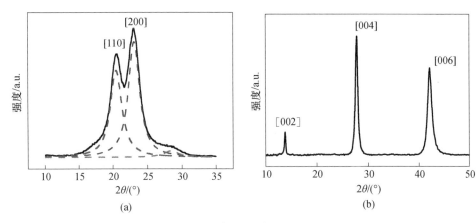

(a)

(b)

图 5-6　芳纶纤维的 XRD 图

(a)赤道方向;(b)子午方向。

芳纶纤维的结晶度定义为结晶衍射峰的面积占总衍射面积的百分比,因而要计算纤维的结晶度需要两个基本的步骤:首先定义无定形的区域,然后对衍射曲线进行拟合分峰,如图 5-6(a)所示。Hindeleh[4] 测得 Kevlar29 的结晶度为68%,Kevlar49 的结晶度为 76%,而 Gardner[5] 测得 Kevlar29 纤维的结晶度为80% ~85%,Kevlar49 纤维的结晶度为 90% ~95%,主要差别在于两者拟合分峰时是否考虑[211]晶面。Rao[6] 分析了不同热处理后纤维的结晶度,其结晶度为60% ~76%,结晶度与热处理温度没有明显的相关性。姜锋[7] 采用 Psdvoigt 函数替代了传统的洛伦兹函数和高斯函数,同时定义21°为无定形峰,通过固定无定形峰的面积后拟合分峰得到了不同热处理后纤维的结晶度,发现未处理的芳纶纤维结晶度为76%。显然,纤维的结晶度依赖于拟合分峰的方法,因而在相同的分析方法获得的结晶度才具有可比性。

Northolt等[8]认为芳纶纤维为单斜晶系,其晶胞结构如图5-7所示:晶胞参数为$a=7.80Å,b=5.19Å,c=12.9Å,\gamma=90°$;$c$方向为分子主链方向,$bc$平面为共价键和分子氢键形成的平面;$a$和$b$方向对应于范德瓦耳斯力和分子间氢键;在$ab$平面,每个晶胞角和中心有一个PPD-T分子,每个晶胞含有两个重复单元。苯胺键与c轴的夹角为6°,而苯酰胺键与c轴的夹角为14°,酰胺键为共平面且平行于[110]晶面,邻近分子链的氨基和羧基间的距离为3Å,苯胺键和苯酰胺键的夹角为160°。邻近的分子间的C═O和NH通过分子间的氢键形成氢键面,平行于[200]晶面。酰胺键平面与连接苯胺的苯平面夹角为-30°,而酰胺与链接苯酰胺的苯平面夹角为38°。苯胺和苯羰基结构都没有自由旋转的空间,因而赋予了聚合物分子链刚性结构的特征。

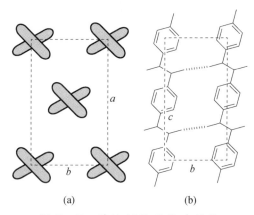

(a)   (b)

图5-7 芳纶纤维的晶胞结构

$$d_{\text{hkl}} = \frac{k\lambda}{\beta\cos\theta} \quad\quad (5-5)$$

$$g_{\parallel} = \left[\frac{d}{360\lambda}\right]^{1/2}\left[\frac{\Delta(\beta\cos\theta)}{\Delta h^2}\right]^{1/2} \quad\quad (5-6)$$

式中 λ——X射线波长0.1541nm;

     θ——衍射角;

     β——半峰宽;

     h——衍射级数(采用子午方向002、004和006峰计算畸变系数,故级数分别为2、4、6)。

表观晶面尺寸也是用以表征纤维结晶结构的参数,其计算式为式(5-5)。

尽管其物理意义尚不明确，但它与纤维的结晶完善程度有密切的关系。同样，表观晶面尺寸与拟合分峰方法有密切的关系，而且只是一个经验的参数，而并非真实的晶格尺寸。通常低模量的芳纶纤维，[110]晶面峰的强度低于[200]晶面，而[110]晶面的表观晶面尺寸比[200]晶面略大；与之相反，高模量的芳纶纤维[110]晶面衍射峰强度则高于[200]晶面，峰的强度和表观晶面尺寸的变化反映加工过程结晶度的演变。

最小长周期用以定义纤维结晶区和非晶区交替的最小重复单元的长度，如超高分子量聚乙烯（UHMWPE）纤维的长周期为 35nm 左右，尼龙为 10nm，聚酯纤维为 13nm，芳纶纤维的小角散射曲线没有明显的散射峰，表明芳纶纤维不具有长周期结构。Panar 等[9]在纤维的 TEM 中观察到 30～40nm 等间距的条带，该条带可能对应于纤维缺陷带，而并非长周期。由于芳纶纤维的分子链长 100nm，因此它贯穿了缺陷带，从而降低了缺陷带对纤维拉伸强度的影响。

5.2.2　取向度

X 射线的表征还可以获取芳纶纤维更多的结构参数，包括晶粒尺寸、晶格缺陷和晶体的取向程度。芳纶纤维的[110]晶面和[200]晶面的衍射为一个尖锐的弧，表明晶体结构具有高的取向度。衍射峰对应的半峰宽表示晶体的整体取向程度，如图 5-8 所示，定义该晶体和纤维轴向的取向角的平值。取向角越小，纤维的取向程度越大，Kevlar 纤维的取向角为 $12°～20°$，而 Kevlar49 纤维取向角则小于 $12°$。表 5-1 对比了国内芳纶纤维的取向角和拉伸性能，取向角为 $12°～15°$，随着取向程度的增加，纤维的拉伸模量逐渐降低。

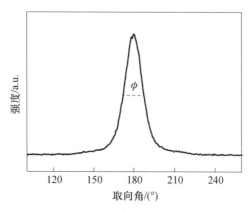

图 5-8　芳纶纤维的[200]晶面的子午扫面

理想的晶胞用晶格常数来表征，当不同晶面得到的晶格参数不一致时，称为次晶，常用第二畸变系数表征，如式（5-6），用以表征晶格点阵短程有序，长程无序。芳纶纤维的第二畸变系数通常为 2.0～2.4。

表5-1 国内外芳纶纤维取向角和拉伸性能

样品编号	规格 /dtex	取向角 /(°)	拉伸模量 /GPa	拉伸强度 /GPa	拉伸应变 /%
M-1	1154	14.9	87.75	2.4	2.84
M-2	1100	14.8	88.91	2.71	3.24
M-3	1100	14.5	92.71	2.91	3.31
M-4	1105	14.0	94.61	3.10	2.91
M-5	1230	14.0	95.04	2.74	3.28
M-6	458	12.3	103.1	2.88	3.02
M-7	1137	12.2	107.86	2.84	2.80
M-8	229	12.2	110.45	2.98	2.78

5.2.3 微纤结构和微孔结构

芳纶纤维的径向间的作用力主要为范德瓦耳斯力和分子间氢键,因而在摩擦的作用下芳纶纤维容易发生微纤化。图5-9为经过NMP/CaCl₂处理的芳纶纤维表面形貌,在磁力搅拌的作用下,纤维发生微纤化。从图中可以看出,纤维表面形成了30nm左右的微纤,纤维表面也由光滑的平面变成了100~120nm的原纤组成,表明原纤可能是由3~4个微纤组成。Takahashi等[10]研究了PPTA-H₂SO₄由液晶态转变为凝聚态的结构转变,发现微纤结构在喷丝口就已经形成,而不是在冷凝的过程。

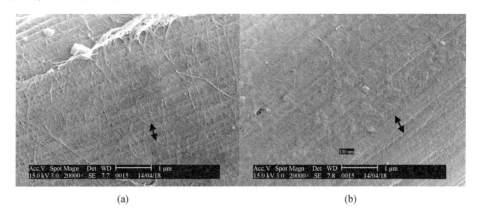

(a)   (b)

图5-9 芳纶纤维的微纤结构

Dobb等[11]认为芳纶纤维的微孔结构与其拉伸强度和压缩强度有密切的关系,为研究其微孔结构,Dobb将芳纶纤维放置于1380kPa的H₂S气体16h,然后将其浸泡在 AgNO$_3$ 溶液中,反应生成的 Ag$_2$S 则沉积在微孔中,通过明场 TEM 可以观察到针状的微孔,该方法存在一定的不足,即难以保证 Ag$_2$S 填充所有的微孔。

随着对 SAXS 的了解,不少学者尝试对 SAXS 的散射曲线拟合用以计算微孔的尺寸,该方法常用来表征碳纤维中的微孔结构[12]。Brian 等[13]采用 Porod,De-bye-Bueche 和 Ruland'steak 方法对低模量和高模量的 SAXS 曲线进行拟合,得到的微孔相关赤道方向长度分别为 8Å、12Å 和 27Å。由于不同方法得到的尺寸具有不同的物理意义,因而它们并不具有可比性,同时也不能得到微孔的真实尺寸,所以 Brian 采用二维全谱拟合。拟合结果表明,芳纶纤维中的微孔呈椭圆状,短轴直径为 1nm,长轴直径为 4nm 左右。朱才镇等[14]采用二维全谱拟合了不同强度的芳纶纤维的微孔,研究表明纤维中存在球形和椭圆形两种微孔。球形微孔直径为 1 ~ 4nm,而椭圆形微孔长轴为 12 ~ 17nm、短轴为 3 ~ 5nm,球形微孔对纤维的拉伸强度影响更大。

表 5 - 2　不同芳纶纤维的皮芯结构与拉伸模量的关系

样品编号	纤维直径/μm	取向角(2θ)		拉伸模量/GPa
		皮层/(°)	芯层/(°)	
A1	10.3	11.5	13.7	128
A7	10.2	12.6	17.5	94
B1	15.8	13.8	14.9	116
B7	14.0	12.3	17.2	90
C1	18.7	12.8	13	99
C3	19.1	14.3	15.9	79
C5	18.4	15.9	16.9	67
C7	19.1	16.6	18.2	67
D1	12.8	12.1	12.8	94
E1	12.5	11.5	12.5	124
E2	11.9	11.9	12.9	129
F1	12.4	11.4	11.7	161

5.2.4　链折叠结构

折叠结构是指高分链规整排列形成的链束,自发地折叠成带状结构。其表面能小,热力学性能更稳定。折叠结构也是芳纶纤维的特征结构之一,Panar 等[9],Dobb 等[11],Hagege 等[15]采用 TEM 和偏光显微镜发现芳纶纤维具有横纹结构,该结构的间距为 500 ~ 600nm,这一结构与光老化后的横纹结构非常相似

（第 4 章），间距为 250nm，尺寸为折叠结构的 1/2，表明 PPTA 纤维的折叠部分更容易发生老化降解。Dobb 认为，该结构源于晶体取向的变化，[200]晶面沿纤维轴以较小的角度形成交替的折叠结构，夹角为 170°～175°。

折叠结构的形成机理尚不明确，可能是纺丝液经过凝固浴后，皮层先冷凝，承受拉伸过程的应力，而芯层的分子链由于应力松弛导致解取向，从而形成了周期的横纹。显然，纤维的折叠结构有益于纤维的弹性性能。这一点可以从拉伸过程折叠结构的演变来证实，经过拉伸后，纤维的折叠结构明显减少。Kevlar29 和 Kevlar49 纤维都具有折叠结构，但是 Kevlar49 纤维的折叠结构密度小且尺寸更加均匀。Kelvar149 纤维具有高拉伸模量，结晶度取向高，晶体尺寸大，故没有折叠结构。

5.2.5　皮芯结构

皮芯结构是湿法纺丝制备的纤维的典型结构，纤维表面在纺丝过程中快速冷却形成致密的皮层，传质传热受阻后形成具有一定缺陷的芯层。因而，纤维的皮芯结构与凝固条件和纺丝速度有直接的关系。芳纶纤维同样具有皮芯结构，但有别于传统纤维，芳纶纤维皮层和芯层的取向结构有显著的差异。Young 等[16]采用 TEM 中的电子衍射技术测量了芳纶纤维皮层和芯层的取向度，如表 5-2 所列，结果表明，高模量的芳纶纤维（F1）皮层和芯层取向角基本一致，而低模量（A7）的皮层和芯层的取向角有显著差异，皮层和芯层取向角分别为 12.6°、17.5°。

芳纶纤维具有高的韧性，采用普通的 TEM 方法难以制备厚薄均一切片，因而 Young 的方法难以应用。Roth 等[17]借助了微区 XRD 衍射（μXRD）研究了 PPTA 纤维的皮芯有序结构，采用 100nm 的同步辐射光源，X 射线垂直于纤维方向入射，通过调整纤维的位置来改变射线入射的位置。结果如图 5-10 所示：Kevlar29 纤维[110]晶面和[200]晶面的方位角由皮层至芯层逐渐增加，说明芯层的取向度比皮层低；Kevlar49 纤维的[110]晶面和[200]晶面的方位角都低于 Kevlar29 纤维，而且皮层至芯层的差别变小；Kevlar149 纤维皮芯一致性更为明

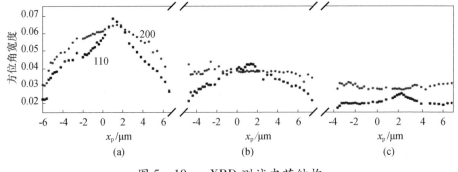

图 5-10　μXRD 测试皮芯结构
（a）Kevlar29；（b）Kevlar49；（c）Kerlar149。

显,表明 Kelvar149 纤维的由皮层至芯层形成了放射状的氢键平面。Roth 的结果表明,提高皮层和芯层的分子间氢键的取向度是获取高模量的芳纶纤维重要途径。

Davies 等[18]用同样的方法研究了 PBO 纤维的皮芯结构,不同的是 Davies 采用的平行纤维方向入射,如图 5 – 11 所示,研究发现 PBO 纤维中有三个不同的区域:快速凝固的外表形成的晶体呈放射状排列;中间过渡层则以皮层为模板向内增长,但是取向度降低;中心区域则无序排列。

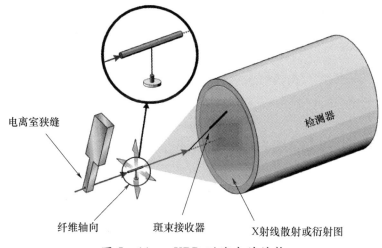

电离室狭缝

检测器

纤维轴向　　斑束接收器　　X射线散射或衍射图

图 5 – 11　μXRD 测试皮芯结构

5.3　纤维的形态和破坏形貌

芳纶纤维呈圆形,直径多为 12μm,由于纤维皮层致密,因而在 SEM 和 AFM 的形貌图中观察到的纤维外表光滑,基本无缺陷。芳纶纤维皮层的瑕疵对纤维的拉伸性能有重要的影响,特别是光老化后,表面的缺陷导致纤维容易发生脆性断裂。芳纶纤维的拉伸破坏有多种方式,纤维的劈裂(韧性断裂)为主要的方式,其次是点断裂和脆性断裂。点断裂的形态表现为纤维直径逐渐细化的过程,直径为 12μm 的纤维变成 2 ~ 4μm,因而真实的断裂强度远高于测试的断裂强度;韧性断裂源于晶区在拉伸过程中发生滑移后劈裂成微纤,微纤经拉伸断裂后形成参差不齐的断头(图 5 – 12),纤维拉伸断裂后劈裂成 1 ~ 2μm 的微纤。当纤维中有明显的缺陷时,纤维容易发生脆性断裂,主要是缺陷部分更容易应力集中,导致纤维未经过细化后直接断裂,湿热老化和光老化后的纤维,主要以脆性断裂为主。

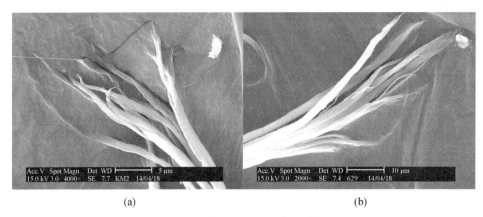

(a)   (b)

图 5 - 12 芳纶纤维拉伸断裂形貌

(a)KM2;(b)国产芳纶纤维。

5.4 热处理过程中结构演变

  芳纶纤维根据模量可以分为普通模量芳纶纤维(如 Kevlar29)、中等模量的芳纶纤维(如 Kevlar49)和高模量的芳纶纤维(如 Kelvar149)。热处理是得到高模量芳纶纤维的主要途径,经过拉伸后拉伸模量可以提高至 120~140GPa,热处理过程中纤维的微观结构也随着发生变化。Lee 等[19]采用不同应力和温度处理芳纶纤维,发现应力的增加和温度的提高均有利于拉伸模量的提高,Lee 认为热处理过程可以提高结晶区的取向程度同时消除折叠结构,从而提高芳纶纤维的结构刚度。

  Rao 等[6]系统地研究了热处理工艺对纤维拉伸性能和微观结构的影响,结果发现,在高于350℃和无拉伸应力条件下热处理芳纶纤维时,聚合物分子链容易发生解取向,拉伸模量随温度的升高而显著降低,显然,当热处理温度接近PPTA 的 T_g 时,分子链容易发生解取向。当温度在 180~230℃之间热拉伸处理纤维时,拉伸模量由78GPa 提高至 105GPa 左右,温度对拉伸模量的影响并不显著,如图 5 - 13 所示。尽管拉伸应力增加有利于提高拉伸模量,但是提高的幅度较小。另外,热处理温度为 370℃时,较小的应力就可以将拉伸模量提高至140GPa。Rao 对处理前后的纤维结晶结构进行分析,发现晶格常数 c、[200]晶面取向度和第二畸变系数随着应力的增加而降低,表明热处理后纤维的整体的结晶完善程度和取向度均显著提高。因而,高于芳纶纤维的 T_g 处理芳纶纤维,可以获得高拉伸模量的芳纶纤维。

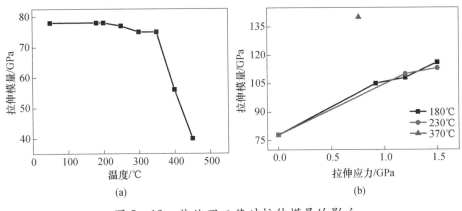

(a)　　　　　　　　　　　(b)

图 5 – 13　热处理工艺对拉伸模量的影响

(a)温度;(b)温度和应力。

5.5　结构与性能关系

5.5.1　拉伸模量与取向角的关系

芳纶纤维的拉伸模量与结晶区的取向程度密切相关,Rao 等[20]比较了 4 种 Kevlar 系列的芳纶纤维拉伸模量与取向角的关系,发现取向角越小,拉伸模量越高。取向角反映结晶区的取向程度,取向角越小,取向程度越高,因此结晶区取向程度越高,芳纶纤维的拉伸模量越高。图 5 – 14 为编号 M-1 ~ M-8 的 8 种芳纶纤维的拉伸模量与纤维取向程度和第二畸变系数的关系。由图可见,拉伸模

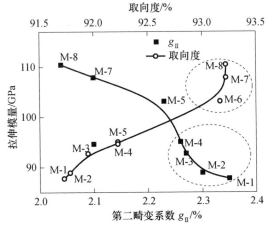

图 5 – 14　芳纶纤维拉伸模量与取向度和第二畸变系数的关系

量与取向度成正比,与第二畸变系数成反比。理想的晶胞用晶格常数 a、b、c 来表征,当晶胞的晶格常数不一致时,称为次晶,常用第二畸变系数表征,采用式(5-2)计算,晶面选择为[002]、[004]和[006],因此,第二畸变系数反映晶体沿分子链方向的变形程度。显然,变形程度越大,纤维的规整性越差,纤维的拉伸模量越低。此外,从图中看出:高拉伸模量芳纶纤维(表5-1中M-6~M-8)拉伸模量更依赖于取向程度,而低拉伸模量(表5-1中M-1~M-4)则易受第二畸变系数影响,两者都是影响拉伸模量的重要因素。

Northolt[5]建立了拉伸模量与取向角和第二畸变系数的关系式,即

$$1/E = 1/E_0 + D_1 g_{\parallel}^2 + A\sin^2\phi \qquad (5-7)$$

根据图5-14的数据拟合得到

$$E^{-1} = 4.22 \times 10^{-3} + 3.58 \times 10^{-4} g_{\parallel}^2 + 7.81 \times 10^{-2}\sin^2\phi \qquad (5-8)$$

式中　E——实际模量;

　　　E_0——理论模量;

　　　ϕ——取向角;

　　　$g_{\parallel}$——第二畸变系数。

计算芳纶纤维的理论模量为236GPa,非常接近文献报道理论模量238GPa。

5.5.2　拉伸强度与微观结构的关系

影响芳纶纤维拉伸性能的因素较多,如纺丝溶液的浓度、纺丝溶液的组分、预聚体的分子量、喷丝口到凝固浴的距离及凝固浴的组分等。纺丝工艺和原材料的差别也可能导致芳纶纤维微观结构的显著差异,如结晶度、晶区的取向度、微纤和微孔的形态和数量、皮芯层结构等。为有效分析芳纶纤维微观结构对拉伸强度的影响,选择了同一生产商不同强度纤维进行比较,它们具有相同凝固浴、预聚物分子量和后处理工艺。表5-3为采用相同分子量(IV 为 4.5~4.6dL/g)的 PPTA 树脂制备的 PPTA 纤维,拉伸强度为1.4~3.0GPa。本节主要以这7种不同强度的纤维为体系,分析影响芳纶纤维的拉伸强度的可能因素。

表5-3　不同拉伸强度的芳纶复丝的拉伸性能

样品编号	规格 /dtex	拉伸强度		断裂伸长率		拉伸模量	
		平均值 /GPa	CV /%	平均值 /%	CV /%	平均值 /GPa	CV /%
S-1	1766	1.41	1.51	2.37	1.92	67.55	1.57
S-2	959	1.74	5.24	2.20	5.70	85.23	1.72
S-3	1744	2.20	1.82	2.85	2.21	81.35	1.65
S-4	1740	2.41	0.53	4.00	1.46	64.01	0.81
S-5	1657	2.83	1.57	3.40	2.67	83.24	1.00

（续）

样品编号	规格/dtex	拉伸强度		断裂伸长率		拉伸模量	
		平均值/GPa	CV/%	平均值/%	CV/%	平均值/GPa	CV/%
S-6	1656	2.89	0.83	3.36	1.09	89.69	0.13
S-7	1137	3.06	2.87	3.53	3.13	90.96	1.48

纤维的拉伸断裂主要由微晶的滑移所致,因而微晶间缺陷的数量是拉伸强度高低差异的根源。X 射线小角散射(SAXS)常用来分析纤维的微孔结构,故采用了同步辐射 SAXS 分析了上述 7 种不同强度的芳纶纤维。图 5-15 为拉伸强度为 1.4GPa(S-1)、2.2GPa(S-3)、2.8GPa(S-5) 和 3.0GPa(S-7)的芳纶纤维的 3D 小角散射图。由图可见,散射矢量 q 在 0.1～0.2nm^{-1} 之间的区域,散射强度

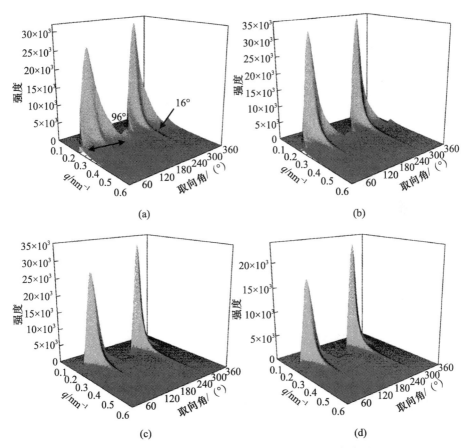

图 5-15　不同拉伸强度的芳纶纤维 3D 小角散射图

(a)S-1(1.4GPa);(b)S-3(2.2GPa);(c)S-5(2.8GPa);(d)S-7(3.0GPa)。

形状为扇形,即散射的取向角(散射峰的半峰宽)较宽,约为96°,随着拉伸强度的增加,扇形转变为锥形,取向角减小为30°。显然,这部分散射体的取向角远低于结晶区的取向角(12°~16°),表明对应的散射体取向程度较低,这部分散射体很可能是未取向的微孔。在方位角120°和240°的位置(散射中心),可以观察到有一条类似脊梁的散射小峰贯穿整个散射矢量,这部分散射体对应的取向角为8°~15°,与结晶区的取向角非常接近,这些散射体很可能来自于结晶区。显然,芳纶纤维中存在两个明显且相互独立的散射体,而且散射体与拉伸强度具有一定的相关性。芳纶纤维的散射强度随着散射矢量增加而逐渐降低,表明散射体尺寸结构并不规整,因此通过不同方法计算的散射体的尺寸为散射体的平均尺寸或相对尺寸。此外,小角散射图中并未观察到衍射峰,说明芳纶纤维不具有长周期结构。

根据 Ruland's steak 模型,在不同散射矢量段拟合小角散射曲线,发现在 q 为 0.15~0.32nm^{-1} 之间的比较吻合 Ruland's steak 模型。原因是:在 q 较低区域,其散射强度容易受到无定形区微孔或微纤的影响;在 q 较高区域,散射强度太弱,容易受到背景的干扰。根据 Ruland's steak 模型得到不同强度的芳纶纤维微孔尺寸和取向角,微孔长度为 11~17nm,整体取向角为 7.9°~12°,微孔取向角较高,表明这部分微孔可能来自高取向的结晶区而非无定形区。图 5-16 表示样品编号为 S-1~S-7 微孔长度与芳纶纤维拉伸强度的关系:微孔长度越长,拉伸强度越低。比较了纤维结晶区和微孔的取向角,微孔和结晶区的取向角与拉伸强度的相关性基本一致,但微孔取向角更高,表明微孔很可能来自结晶结构的缺陷。

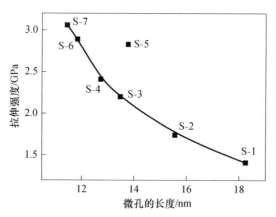

图 5-16 微孔长度与芳纶纤维拉伸强度的关系

图 5-17 为表 5-3 样品编号为 S-1~S-7 的芳纶纤维 XRD 曲线。由图可见,芳纶纤维 XRD 曲线有两个峰,分别对应于[110]晶面和[200]晶面;拉伸强

度较低时,[110]晶面为肩峰,随着拉伸强度的增加,肩峰强度逐渐增加。采用高斯函数对 XRD 曲线拟合分峰,得到纤维结晶度、[110]晶面和[200]晶面的表观晶粒尺寸以及两个峰的强度比 I_{110}/I_{200},结果见表 5-4。由表可见,I_{110}/I_{200} 随拉伸强度增大而增加,其他结晶结构与拉伸强度相关性不大,因此纺丝过程中形成的氢键平面排列不规整导致结晶不完善也是影响拉伸强度的重要因素。

表 5-4　不同强度的芳纶纤维的微观结构参数

样品名称	表观结晶尺寸/Å		结晶度 /%	200 晶面 取向角/(°)	L_{cm} /nm	微孔取向角 /(°)	I_{110}/I_{200}
	110	200					
S-1	37.2	26.4	65.1	18.5	16.5	12.3	0.33
S-2	37.3	26.3	64.2	17.8	18.7	10.9	0.37
S-3	37.0	27.9	75.5	16	17.2	9.2	0.45
S-4	37.2	27.0	71.8	15.8	8.7	9.4	0.41
S-5	38.4	29.3	80.3	15.4	8.6	11.6	0.48
S-6	40.4	29.2	76.6	14.9	9.0	9.6	0.47
S-7	37.4	30.1	76.1	14.3	8.0	8	0.52

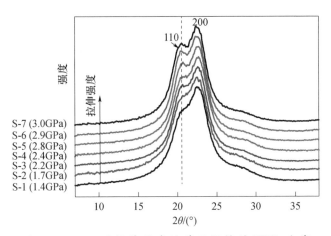

图 5-17　不同拉伸强度的芳纶纤维的 XRD 曲线

5.6　小结

芳纶纤维优异的力学性能归结于其独特的结构,伸直的分子链串联结晶区,降低了分子链末端富集的区域,因而提高了纤维的拉伸强度。通过对芳纶纤维微结构的分析,不少学者提出了几何模型用以模拟纤维的结构,包括微纤结构、结晶结构、皮芯结构和折叠结构,如图 5-18 所示。折叠结构赋予纤维一定的弹性,而热处理过程能消除折叠结构同时提高芳纶纤维的弹性模量;皮芯结构差异在于分子链的取向程度不同,皮层具有高的取向度,皮层的缺陷对拉伸强度的影响比芯层大;芳纶纤维由原纤构成,而原纤又由 20～30nm 的微纤构成,微纤间则通过一些连接带衔接。这些结构又与纤维的拉伸性能有直接的关系,如分子链的取向程度决定了纤维的拉伸模量;纤维的分子量、微孔尺寸和数量等则决定了纤维的拉伸强度。总之,要制备优异性能的芳纶纤维,需要对其工艺进行严格控制,才能对其微结构进行调控。

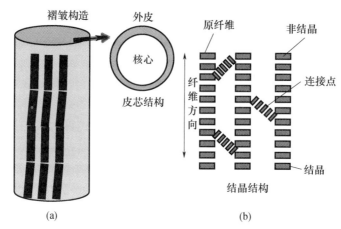

图 5 – 18　芳纶纤维的结构模型

参 考 文 献

[1] Ying Q, Chu B, Qian R, et al. Polymer. Characterization of poly(1,4 – phenyleneterephthalamide) in concentrated sulphuric acid: 1[J]. Static and dynamic properties, 1985, 26(9): 1401 – 1407.

[2] Ogata N, Sanui K, Kitayama S. Molecular – weight distribution of poly(p – phenylene terephthalamide)[J]. Journal of Polymer Science: Polymer Chemistry Edition, 1984, 22: 865.

[3] Arpin M, Strazielle C. Characterization and Conformation of Aromatic Polyamides, Poly(1,4 – Phenylene Terephthalamide) and Poly(p – Benzamide) in Sulfuric Acid[J]. Polymer, 1977, 18(6): 591 – 598.

[4] Hindeleh A M, Halim N A, Zig K A. Solid – state morphology and mechanical properties of Kevlar 29 fiber [J]. Journal of Macromolecular Science Part B Physics, 1984, 23(3): 289 – 309.

[5] Jackson C, Schadt R, Gardner K, et al. Dynamic structure and aqueous accessibility of poly(p – phenylene terephthalamide) crystallites[J]. Polymer, 1994, 35(6): 1123 – 1131.

[6] Rao Y, Waddon A J, Farris R J. The evolution of structure and properties in poly(p – phenylene terephthalamide) fibers[J]. Polymer, 2001, 42(13): 5925 – 5935.

[7] 周运安,姜锋,李鑫,等. 聚对苯二甲酰对苯二胺纤维的热老化行为与机理研究[J]. 高分子学报, 2010(7): 932 – 936.

[8] Northolt M G, Aartson J J V. Chain orientation distribution and elastic properties of poly(p – phenylene

terephthalamide), a "rigid rod" polymer[J]. Journal Polymer Science：Polymer Letter, 1973, 58(1)：283 – 296.

[9] Panar M, Avakian P, Blume R C, et al. Morphplogy of poly(p – phenylene terephthalamide) [J]. Journal of polymer sicence：Polymer Physics, 1983, 21：1955 – 1969.

[10] Takahashi T, Iwamoto H, et al. Quiescent and strain – induced crystallization of poly(p – phenylene terephthalamide) from sulfuric acid solution[J]. Journal of Polymer Science：Polymer Physics Edition, 1979, 17 (1)：115 – 122.

[11] Robson R M, Dobb M G. Structure characteristics of aramid fiber variants[J]. Journal of Materials Science, 1990, 25：459 – 464.

[12] Zhu C Z, Liu X F, Yu X L, et al. A small – angle X – ray scattering study and molecular dynamics simulation of microvoid evolution during the tensile deformation of carbon fibers[J]. Carbon, 2012, 50(1)：235 – 243.

[13] Pauw B R, Vigild M E, Mortensen K, et al. Analyzing the nanoporous structure of aramid fibers[J]. Journal of Applied Crystallography, 2010, 43(4)：837 – 849.

[14] Zhu C, Liu X, Guo J, et al. Relationship between performance and microvoids of aramid fibers revealed by two – dimensional small – angle X – ray scattering[J]. Journal of Applied Crystallography, 2013, 46 (4)：1178 – 1186.

[15] Hagege R, Jarrin M, Sutton M. Direct evidence of radial and tangential morphology of high – modulus aromatic polyamide fibers[J]. Journal of Microscopy, 1979, 115(1)：65 – 72.

[16] Young R, Lu D, Day R, et al. Relationship between structure and mechanical properties for aramid fibres [J]. Journal of Materials Science, 1992, 27 (20)：5431 – 5440.

[17] Roth S, Burghammer M, Janotta A, et al. Rotational disorder in Poly(p – phenylene terephthalamide) fibers by X – ray diffraction with a 100 nm Beam[J]. Macromolecules, 2003, 36(5)：1585 – 1593.

[18] Davies R J, Burghammer M, Riekel C. Probing the internal structure of high – performance fibers by on – axis scanning diffractometry[J]. Macromolecules, 2007, 40(14)：5038 – 5046.

[19] Lee K G, Barton R, Schultz J M, et al. Structure and property development in poly(p – phenylene terephthalamide) during heat treatment under tension[J]. Journal of polymer sicence：part B polymer physics, 1995, 33(1)：1 – 14.

[20] Rao Y, Waddon A J, Farris R J. Structure – property relation in poly(p – phenylene terephthalamide) (PPTA) fibers[J]. Polymer, 2001, 42(13)：5937 – 5946.

第6章

对位芳香族聚酰胺纤维在
防弹领域的应用

前面归纳了对位芳香族聚酰胺纤维的结构特征和力学特点,正是因为这些优异特性,对位芳纶纤维在诸多领域中得以广泛应用,如防弹领域。据统计,防弹领域中对位芳纶纤维消耗量约占总用量的60%。织物、UD 和复合材料是对位芳纶纤维在防弹领域中应用的三个主要形式,防弹衣中以织物和 UD 叠层为主,防弹头盔和防弹装甲以复合材料为主。本章主要介绍这些结构特征在防弹领域的作用机理以及典型的防弹产品,为后续防弹产品的设计和开发提供借鉴。

6.1 防弹用对位芳纶纤维

6.1.1 基本性能要求

尼龙是最早用于制备防弹衣的合成纤维,拉伸强度约为 500MPa,拉伸模量约为 1GPa。20 世纪 70 年代初,美军开始采用对位芳纶纤维制作防弹衣,纤维拉伸强度已达到 2.8GPa,几乎是尼龙的 6 倍。与此同时,荷兰 DSM 公司开发了 UHMWPE 纤维,拉伸强度为 3.0GPa。其后,日本开发了 PBO、俄罗斯开发了 Armos、美国开发了 M5 等高性能纤维,这些高强纤维制备的防护制品均表现出优异的防弹性能。

作为防护材料的主体材料,高性能纤维的力学性能决定了防护制品的防弹性能。Prevorsek(1988)假定纤维在弹击过程中力学模型近似于线性弹性体,即应力–应变曲线为线性,计算纤维拉伸断裂的吸能比,结合能量扩散速度,提出了纤维防弹性能评估的经验公式:

$$\Omega^{1/3} = \frac{\sigma\varepsilon}{2\rho}\sqrt{\frac{E}{\rho}} \qquad (6-1)$$

式中　$\Omega^{1/3}$——防弹性能评估因子(简称防弹因子)(m/s);

ε——纤维拉伸断裂伸长率(%);

σ——纤维拉伸断裂强度(Pa);

E——纤维拉伸模量(Pa);

ρ——纤维密度(g/cm³)。

由式(6-1)可见,纤维防弹因子与拉伸强度、拉伸断裂伸长率和弹性模量平方根成正比,与纤维密度成反比。基于 Prevorsek 模型不难推断,防弹性能与纤维拉伸断裂吸能有着直接的关系,纤维拉伸强度越高,伸长率越大,防弹性能越好。为降低人体弹击后的钝伤,防弹材料应具备一定的刚度,即弹击后材料的背部凹陷小于响应的标准要求,这也要求纤维断裂伸长率应小于5%。纤维拉伸模量影响冲击能量在纤维的传播速度。高模量可获得高声速传播速率,这意味着作用于纤维的弹道冲击能量能以较高的速度沿纤维轴向传播,从而使更多的纤维加入能量的传递和耗散。

表 6-1 对比了现有的高性能纤维的防弹因子。由表 6-1 可见,PBO 纤维防弹因子最高,其次是 UHMWPE 纤维、高强碳纤维和 Kevlar 纤维,这一结果与实测的 V_{50} (穿透概率50%的枪弹速度)较为吻合,PBO 纤维的 V_{50} 优于 UHMWPE 纤维,而后者的防护性能优于芳纶纤维。尽管 UHMWPE 纤维和 PBO 纤维的防护性能优异,但并未限制芳纶纤维在防护领域中应用,究其原因是防弹材料除了防护性能优异之外,还应具备性价比高、耐候性强以及可加工性等优势。与对位芳纶纤维相比:UHMWPE 纤维耐热性能差;PBO 纤维在湿热环境下更容易水解,在反复抗折过程中,微纤结构容易劈裂,纤维拉伸性能衰减显著。

表 6-1　不同纤维的防弹因子

牌号	密度 /(g/cm³)	断裂伸长率 /%	拉伸强度 /GPa	拉伸模量 /GPa	防弹因子 $\Omega^{1/3}$ /(m/s)
PBO	1.54	3.5	5.8	180	893
UHMWPE	0.97	2.6	3.5	120	805
高强碳纤维	1.81	1.9	5.5	294	716
KevlarKM2	1.44	3.4	4.3	64	697
M5	1.70	1.5	5.3	350	695
Kevlar129	1.44	3.4	3.3	99	686
Twaron1000	1.44	3.5	3.0	78	645
Kevlar29	1.44	2.9	3.6	71	634
S-玻璃纤维	2.50	5.0	4.2	90	632
高模碳纤维	1.77	1.2	4.4	377	602
玄武岩纤维	2.60	3.5	3.5	105	531
T300	1.77	2.4	1.1	90	376

总之,防弹用高性能纤维的应具有以下特点:①高的比拉伸强度和比拉伸模量,拉伸强度应大于 3.0GPa,伸长率应尽量大,但需小于 5%,拉伸模量大于 50GPa;②防弹因子应大于 630m/s;③具有优异的可加工性和耐候性。

6.1.2 高速应变率下纤维的力学行为

第 4 章分析了拉伸速度对芳纶纤维拉伸强度的影响,发现拉伸强度与拉伸速度相关性较小。枪弹的冲击速度在 100m/s 以上,响应时间为几毫秒,应变率为 $10^2 \sim 10^4 s^{-1}$,而纤维拉伸测试速度为 $5 \sim 10mm/min$,应变率远低于弹击过程,获取高应变速率下纤维的力学行为,建立准静态与动态之间的本构关系更有利于防弹纤维的筛选和结构设计。

通常,材料在高速应变下的力学行为采用分离式霍普金森杆(split Hopkinson bar)测量,测量原理:撞击杆与入射杆发生碰撞后产生压缩应力波,当入射杆中的应力脉冲到达与试样的接触面时,一部分被反射,在入射杆中形成反射波,另一部分通过试样进入透射杆中形成透射波。通过粘贴在入射杆和透射杆上的应变片连续记录的随时间变化的脉冲信号,利用一维波理论和均匀性假定,得到试件的应力 $\sigma(t)$、应变 $\varepsilon(t)$ 和应变率 $\varepsilon^*(t)$ 随时间的变化历程,如图 6-1 所示。

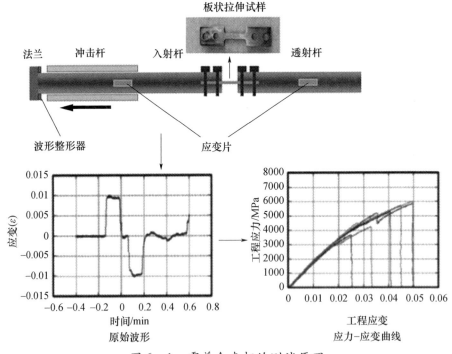

图 6-1 霍普金森杆的测试原理

　　高性能纤维应用过程中形态多为集束性的复丝，每根复丝含有 100 ~ 10000 根单丝，静态拉伸测试过程中通过纤维加捻的方式来实现单丝间受力的均匀性，这一点显然在动态拉伸过程中难以实现，因而单纤维的动态拉伸测试可能更容易反映纤维的拉伸性能。为测量单纤的高速应变行为，Gunnarsson 等[1] 设计了单纤维夹具，并对霍普金森杆改装（图 6 - 2），通过环氧树脂将单纤维固定在夹具中，分别采用半导体传感器和石英压电传感器记录入射波和反射波的应变，测量了 Zylon 单纤维在 $1000s^{-1}$ 的应变行为。结果表明，在应变速率为 $1000s^{-1}$ 时，单纤拉伸断裂强度为 5.99GPa，模量为 249GPa，均高于准静态下的测量值。

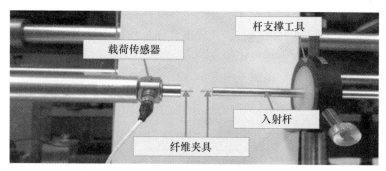

图 6 - 2　单纤维的测试夹具

　　Sanborn 等[2] 同样采用霍普金森杆的纤维夹具测量单纤维在高速应变下的拉伸性能，如图 6 - 3 所示，石英载荷传感器在数据采集发挥了重要的作用。Kevlar 在应变率为 $0.001s^{-1}$ 时，拉伸强度为 4.3GPa，应变率为 $1000s^{-1}$ 时，拉伸强度高达 5.1GPa。此外，无论是静态还是动态，纤维拉伸强度均随着跨距增加而降低。

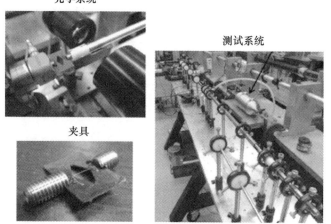

图 6 - 3　霍普金森杆纤维测试系统

Zhu 等[3]借助高速摄影机开展了 Kevlar49 的复丝高速应变拉伸行为研究,通过液压试验机测得了应变率为 10 ~ 100s⁻¹应力—应变曲线,研究发现复丝拉伸曲线分三个阶段,分别为爬坡阶段、弹性形变和非线性破坏阶段。纤维的复丝拉伸强度和拉伸模量均随着应变率的增加而增加,与此同时,跨距越长,拉伸强度和拉伸模量越低。

表 6-2 总结了部分高性能纤维在准静态和高速应变下的拉伸性能测试数据,结论一致,均认为纤维拉伸强度和模量随着应变率的增加而增加。准静态拉伸过程中,纤维分子链有足够的时间滑移,分子链末端富集区域更容易滑移,因而静态拉伸强度受到纤维内部的缺陷控制;在高速应变下,分子链滑移相对缓慢,纤维表现为更强的刚性结构,因而强度和模量均高于静态拉伸测量值。由于高速应变下的力学行为更接近于弹击过程,因此获取高应变率下纤维拉伸性能更具有意义。国内部分科研院校已开展了高速应变下复丝拉伸测试,但单纤维的拉伸测试尚未普及。

表 6-2　不同应变率下纤维的力学性能比较

纤维	跨距 /mm	应变率 /s⁻¹	拉伸强度 /GPa	方差 /GPa	拉伸模量 /GPa	方差 /GPa	文献
Zylon	5	1000	5.99	0.98	249.4	37.6	[1]
	5	0.001	4.44	1.03	149.5	30.8	
Kevlar49	25	30	1.62	0.1	109	11	[2]
	25	50	1.68	0.05	111	10	
	25	100	1.71	0.08	128	11	
Kevlar KM2	2 ~ 10	0.001	4.3	0.49	87.7	16	[3]
		1	4.3	0.49	133	24	
		1000	5.1	0.41	138	32	
Kevlar29	5	0.001	2.53	0.40	—	—	[4]
		1000	3.2	0.40	—	—	
SK76	4 ~ 16	0.001	2.2	—	95	—	[5]
		1000	2.5	—	130	—	

6.2　防弹用对位芳纶织物

6.2.1　防弹用织物性能

织物和单向布是防弹用高强纤维的两种主要应用形式,虽有差异,但主体结构还是以高强纤维为主,因此单向布当作织物的一种形式,树脂基体相当于纱线间的握持作用,层与层之间的[0°/90°]相当于织物的纬纱和经纱。

对位芳纶纤维织物的织造过程与传统织物织造相类似,不同的是,对位芳纶纤维多采用多尼尔刚性剑杆织机织造,可避免织造过程毛丝过多,纤维机械损伤严重。原则上,防弹用织物以平纹结构为主,经向和纬向的力学性能相当,如表6-3所列。通常,防弹衣用织物面密度偏低,以150~200g/m²居多,而防弹头盔等以复合材料体系使用的织物面密度偏高,以280~400g/m²居多,其目的是降低复合材料制备的铺层的成本和控制树脂的上胶量。

表6-3 国内防弹织物的基本性能

织物类型	面密度 /(g/m²)	织物密度 /(根/10cm)		断裂强力 /kN		断裂伸长率 /%		比强力 /(N·m²/g)	
		经纱	纬纱	经纱	纬纱	经纱	纬纱	经纱	纬纱
1/1 平纹	190	85	85	8.7	8.7	5.4	4.9	45.7	45.6
1/1 平纹	205	92	92	8.6	9.6	5.8	5.2	41.2	46.0
1/1 平纹	280	122	122	10.1	14.0	12.5	6.0	35.6	49.3
2/2 方平	340	150	150	14.2	15.1	7.4	6.6	41.3	43.9

织物中的纱线强力是衡量织物力学性能的关键参数,可通过它来评估织造过程纤维强力的机械损伤程度,也可预测产品的防护性能,对防弹制品的成型工艺优化也有重要参考价值。表6-3所列的芳纶织物均采用1100dtex纤维织造,原丝的拉伸强度为22cN/dtex,经过织造后,纤维强度损伤率为7%。从表6-3还可见,纬纱强力损失高于经纱,织物紧密程度越大,拉伸强度损伤越高。因此,高强纤维在织造过程前应进行适当的表面处理,以降低织造过程的制作损伤。

6.2.2 织物的防弹机理

织物在弹击过程中形成了两个方向的应力波,分别为横波和纵波。横波是以声速的方式传递应力波,通过纱线间的摩擦作用或树脂间的黏结作用形成大面积的变形。纵波则以枪弹速度沿纤维径向传递,形成拉伸、压缩和剪切等作用力,迫使纤维发生拉伸变形。纤维的拉伸变形是织物的吸能的主要方式,Naik等[6]发现纱线的拉伸变形吸收了大部分的冲击能量,约为总能量的87%,纤维拉伸断裂仅占8%。Parsons等[7]基于有限元对纤维的滑移模拟,结果表明,纤维的滑移作为防弹的吸能方式发挥着重要作用,但纤维的滑移超过一定程度时,子弹可以通过纱线间的间隙穿过织物而不是通过纱线间拉伸变形。

6.2.2.1 纱线间的摩擦力

1. 摩擦力的测量

纱线间的动态摩擦系数和静态摩擦系数是评价纱线间摩擦力的关键参数,

动态摩擦系数可以通过简单的物理实验测定,Keith 测得动态摩擦系数 μ_k 为 0.19。为获得纱线间的静态摩擦系数,Keith 等[8,9]设计了可以预加张力的夹具,如图 6-4 所示。采用带螺纹结构的织物固定夹具,通过螺纹来调整织物的预张力;通过拉伸设备记录一根或多根纤维拔出载荷位移曲线,拉拔曲线的峰值定义为静态摩擦力 F_s,而第二峰值定义为动态摩擦力 F_k。通常,F_s 和 F_k 与预加张力呈线性关系,斜率定义为 m_k 和 m_s,根据式(6-2)可计算纱线间的静态摩擦系数为 0.23。此外,Keith 测量了织物和枪弹间的静态摩擦力和动态摩擦力,两者相同为 0.18。

$$\mu_k = \frac{m_k}{m_s} \mu_s \qquad (6-2)$$

式中　μ_k——动态摩擦系数;
　　　μ_s——静态摩擦系数;
　　　m_k——预加载张力与动态摩擦力线性拟合的斜率;
　　　m_s——预加张力与静摩擦力线性拟合的斜率。

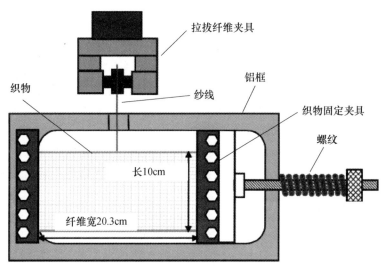

图 6-4　静态摩擦系数和动态摩擦系数测试方法

2. 摩擦力对防弹性能的影响

可以想象,当织物纱线间摩擦力为零时,枪弹弹击织物的瞬间纱线受到冲击动力的作用发生快速的拉伸变形同时获得部分动能,由于纱线不受到阻力的影响,受冲击的纱线与其他纱线分离,枪弹不受到任何阻力就可以穿透织物。Duan 等[10]采用有限元模拟了圆柱形和球形弹体撞击织物的过程,分析摩擦力对防弹性能的影响,分析结果也证实了上述假设。如图 6-5 所示,但织物只有两侧被束缚时,同时假定纱线间摩擦系数为零,圆球直接通过纱线的间隙滑出击穿了织物,而当摩擦系数为 0.5 时,圆球时未能直接穿透织物。通过计算发现,当纱线间摩擦系数为 0.5 时,枪弹的动能 67% 转化为织物动能,25% 通过应变吸收,8% 被纱线间摩擦力吸收。

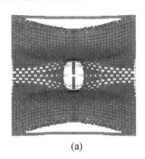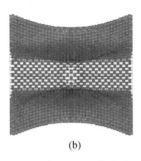

(a)　　　　　　　　　　　　　　(b)

图 6-5　静态摩擦系数为 0 和 0.5 时,12μs 的应变云图

(a)μ=0;(b)μ=0.5。

　　尽管纱线滑移摩擦吸收的动能有限,但它的作用不可忽视,纱线间摩擦力可有效传递横向波和纵向波,以便织物更好地分散和吸收冲击能量。当被枪弹冲击的织物四周被固定时,即织物滑移位移被限制,织物的防弹性能随着摩擦系数的增加反而降低[11]。此种情况下,摩擦力贡献仅为横向波的传播,通过更多的纤维变形来吸收动能,因而当摩擦力越大时,应力波传播的速度越慢,纤维变形的数量越少,防护性能越低。当只有两边纱线被固定,即纱线通过位移来滑动时,织物的防护性能随着摩擦系数的增加而增加。此时,两侧被固定的纤维以拉伸变形为主要的吸能方式,另一侧纤维在拉伸变形的同时发生滑移,如图 6-6所示。由图可见,被固定的纤维发生了拉伸断裂,而未固定的纤维发生了明显的滑移,圆球可通过纱线间隙穿透织物。Nilakantan 研究结果还表明,当体系中存在不对称变形时,适当的增加纱线间摩擦力,有利于提高织物的防弹性能,但降低了防弹衣防护的确定性,如图 6-6 所示,两侧固定的织物穿透概率区间更加宽。通常,织物纬纱强度比经纱高,弹击过程中经纱更容易断裂,如果两者相差较大,织物的防弹稳定性则会偏低,因而织物设计应该更注重经纱和纬纱的平衡性。

　　单根纱线的拔出载荷与织物的前处理工艺具有一定的关系,通常,从宽25cm 织物拔出单根纱线的载荷大约 30N,约为纤维拉伸断裂载荷的 1/6,显然纤维滑移也是重要的吸能方式。防弹衣在制作过程中,织物的叠层会通过尼龙线缝合来减少纤维滑移,降低强度穿透纤维滑移区域的概率,提升整体的防弹性能稳定性。Zhou 等[12]采用有限元模拟分析纱线间摩擦力对防弹性能的影响,结果发现,织物的防护性能与摩擦力有一定的相关性,但摩擦系数为 0.4 时,织物吸收能最高。基于上述研究,Zhou 希望通过织物结构设计来提高纱线间的摩擦

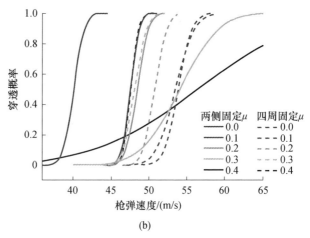

(a)   (b)

图 6-6　两侧固定的织物的变形情况

力,通过辅助纱线缝合的方式来改善纱线间的摩擦力,随着辅助缝合的密度越高,织物的摩擦力越大,但织物的防护性能似乎未受影响,保持在 500J/(g·cm^2)。Karahan 等[13]通过调整织物的缝纫方式来降低弹击后背部凹陷,发现钻石形的缝合方式降低幅度最高,可降低 6.3% 的背部凹陷。

3. 湿态下的防弹性能

浸水后防弹性能是评价防弹衣稳定性一个关键指标,通常防弹衣需要密封处理方可使用,一方面减少芯层防弹材料的吸湿率,降低防弹衣储存和使用过程中的水解速度,另一方面防止防弹衣浸水后导致的防护性能衰减。Bazhenov 等[14]做了大量关于水对防弹性能的影响,发现湿态和干态下,织物中纱线拔出力学行为表现出显著差异,防弹行为上也有本质的区别,特别是横向波的传递过程,湿态下,应力波的传播速度为干态下 70%,因而湿态下枪弹更容易穿透织物。

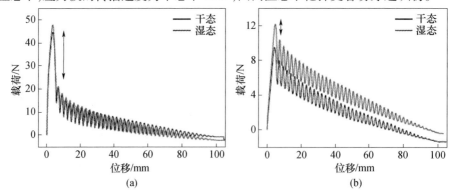

图 6-7　不同松紧度织物的干、湿态拔出曲线

(a)摩擦力高的织物;(b)摩擦力低的织物。

比较了两种不同织物在干、湿状态下纤维拔出行为[15]，如图6-7所示。由图6-7可见：摩擦力高（HF）的织物（拔出载荷为48N），静摩擦力和动摩擦力之间有显著的差距，约为25N；摩擦力低（LF）的织物（拔出载荷为9N），静摩擦力和动摩擦力非常接近且干、湿态下拔出曲线相近。显然，浸水对织物的准静态下摩擦力并无明显的影响。

图6-8为上述两种织物在不同枪弹下的防弹性能比对。1.1g破片（1.1gFSP），54/51手枪弹和9mm手枪弹（9mmFMJ）为防弹性能测试常用的三种枪弹，子弹的质量分别为1.1g、5.56g和8g，其中1.1g为不锈钢子弹，弹击过程不变形，54/51手枪弹为钢外壳，弹击过程中变形小，9mm手枪弹为铜外壳，与

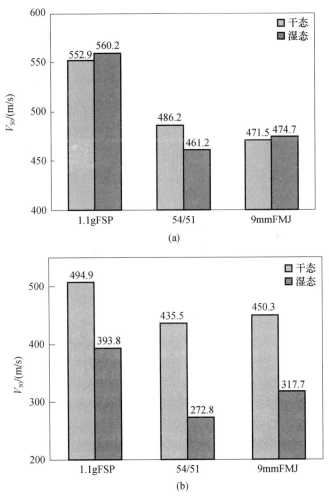

图6-8 两种不同松紧度的织物干、湿态下的防弹性能比对
（a）HF枪弹；（b）LF枪弹。

前两者相比,更容易变形。V_{50}定义为枪弹穿透防弹材料概率为50%的速度,是定量分析材料防弹性能的最常用参数,美国军用标准 MIL-STD-662F 和GA 950-2011详细介绍了 V_{50} 测试方法。HF 三种枪弹的 V_{50} 分别为550m/s、486m/s、472m/s,三种枪弹的防护性能均高于LF。

HF 和 LF 两种松紧度不同的织物防弹性能显著差异的根源并非纤维的性能差异。经测试发现,从织物中抽拔出的复丝拉伸强度均为3.0GPa,模量和伸长率也无显著差异,即两种纤维的防弹因子几乎相同。显然,纱线间摩擦力影响着织物防弹机理。从图6-8可见,湿态下两种织物的防弹性能有着更大差异,HF 的防弹性能并未受浸水影响,湿态下三种强度的 V_{50} 分别为560m/s、461m/s和474m/s,而 LF 的防弹性能则显著降低,湿态下衰减率达到了20%、40%和30%。尽管干、湿态下芳纶织物拔出载荷相差不大,但是防弹性能确存在明显的差别。其主要有两个原因:一是芳纶织物吸湿后,织物的重量更大,即惯性更大,枪弹弹击接触的纱线快速获得了动能,未接触纱线获得动能减少,两者间移动速度差异更显著,导致低摩擦力的纤维更容易滑移;二是54/51手枪弹和9mmFMJ的重量大,动能也更大,纤维滑移更显著。图6-9为不同层数织物的纱线断裂根数统计结果。由图可见,无论是 HF 和 LF,干态下织物中纤维拉伸断裂的根数均显著高于湿态下织物,尽管 HF 在湿态下仍表现出高的防弹性能。从图中也不难看出,湿态下仍存在纤维的滑移,依靠高的纱线摩擦力吸收冲击能替代了纤维拉伸断裂吸能。干湿态下,防弹机理的差异再次表明,适当地提高纱线间的摩擦力,有助于改善织物在不同环境下的防护性能。

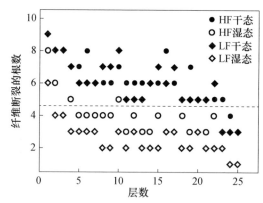

图6-9　干态和湿态下,HF 和 LF 织物弹击各层纤维断裂的根数

织物的拒水处理是改善织物湿态下防弹性能的有效方法,采用不同拒水整理剂处理了上述的 LF 织物。结果表明,未经过处理的织物,水通过毛细效应,快速的吸入织物,经过含氟类整理剂处理后,织物接触角提高至144°,同时浸水24h后,接触角仍保持为129°。图6-10为干湿态下,拒水整理后织物的防弹性

能。湿态下,织物的防弹性能均有显著改善,特别是 9mmFMJ,提高了近 200 m/s。54/51 手枪弹的 V_{50} 仍较低,原因是 54/51 手枪弹的外壳为钢,弹击过程变形小,因而枪弹更容易从滑移的纤维间隙穿出。

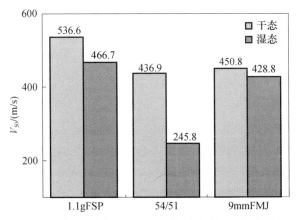

图 6 - 10　干态和湿态下,LF 织物拒水整理后的防弹性能

6.2.2.2　面密度与防弹性能

前面分析了织物关键参数对防弹性能的影响,包括纱线的拉伸强度、纱线间的摩擦力以及织物的织造结构等,这些参数主要由织物结构设计、织造工艺和后整理工艺控制。防弹衣由多层织物叠层而来,要求防护性能的同时兼顾防弹衣的舒适性,合理利用织物间的叠层效应,发挥织物结构优势则是实现功能与舒适的关键。比吸能(SEA)定义为单位面积防弹材料吸收的冲击能量,即

$$SEA = \frac{mV_{50}^2}{2AD} \tag{6 - 3}$$

$$SEA = \frac{m}{2}K^2 \times AD \tag{6 - 4}$$

式中　SEA——比吸能($J \cdot m^2 / kg$);

　　　V_{50}——枪弹穿透防弹材料概率为 50% 时的速度;

　　　m——枪弹的重量;

　　　AD——防弹材料的面密度;

　　　K——V_{50} 与 AD 线性关系的斜率。

SEA 是评估防弹性能高低的重要参数,也是防弹衣设计的重要依据。

测量不同面密度防弹材料的 V_{50} 并建立两者间关系是分析织物叠层效应的有效途径。图 6 - 11 为帝斯曼 SB21 单向布叠层和 HB80 层压板 V_{50}、SEA 与面密度关系图[16]。由图 6 - 11 可见,两种材料的 V_{50} 均随着面密度的增加呈线性的增加,但增长速度略有差别,层压板 V_{50} 随面密度的增长速度大于单

向布叠层。基于面密度与V_{50}的正比线性关系,定义其斜率为K,式(6-3)可以修正为式(6-4)。显然,对于同一种材料,SEA与AD呈线性关系,图6-10也证实了这一点。南京航空航天大学顾冰芳等[17]的结论则恰好相反,她认为SEA随着面密度的增加反而降低。翁浦莹等[18]对比了芳纶和聚乙烯的这两类织物叠层效应对防弹性能的影响,其结果表明,SEA均随着面密度的增加而递增。织物在冲击过程中,纤维通过拉伸变形吸能能量,少部分纤维发生断裂,大部分纤维经过弹性形变后恢复到初始状态。织物面密度越高,相对而言,拉伸变形的纤维数量远大于断裂的纤维数量,因而,比吸能随着面密度的增加而增大。

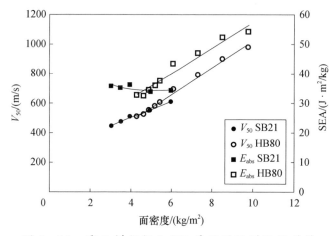

图6-11　聚乙烯插板和UD叠层的防弹性能差异

6.2.2.3　枪弹类型与防弹性能

防弹衣的防护目标极具针对性,警用防弹衣通常以防护手枪弹为主,军用防弹衣则以防护破片为主,防弹插板以防护7.62mm步枪弹为主。随着作战环境的复杂化,根据防护对象设计防弹衣更具实战意义。1.1g破片(1.1gFSP)、54/51手枪弹和9mm FMJ手枪弹是目前最典型的三种枪弹,前面对比湿态下的防弹性能差异,防弹性能比对结果也可以看出来,三种枪弹防护机理上略有差异:54/51手枪弹为钢外壳,动能大且变形困难;1.1gFSP虽不变形,但动能小;9mmFMJ动能大但易变形,冲击阻力较大。

Tan等[19]研究了不同形状的枪弹的防护机理,采用质量为15g的4种枪弹弹击单层织物,如图6-12所示,弹击速度为50~600m/s。Tan发现,4种枪弹表现出一种相似的规律:低速区域,随着弹击速度的增加,织物吸收的能量增加;当弹击速度超过临界穿透速度后,随着弹击速度的增加,织物吸收的能量逐步降低。弹头越尖,这种趋势越明显。通过纤维的断裂根数分析破坏机理,发现低速区域,圆弹头纤维断裂 46 根,随着冲击速度的增加,纤维断裂的根数减少,说明冲击速度越大,枪弹更容易通过纱线间隙穿透织物。另外,弹头越尖,断裂纱线的根数越少,而且经纱和纬纱断裂的根数越不均匀,即经纱根数是纬纱断裂根数的 2~3 倍。Tan 的研究结果表明,弹头的形状对防弹性能有显著的影响,尖的弹头更容易通过纱线的滑移来穿透织物。Talebi 等[20]通过有限元模拟分析了不同尖头的枪弹侵彻机理,结果如图 6-13 所示。同样,枪弹头部越尖,织物吸收的冲击能量越低,纤维断裂的根数也越少。

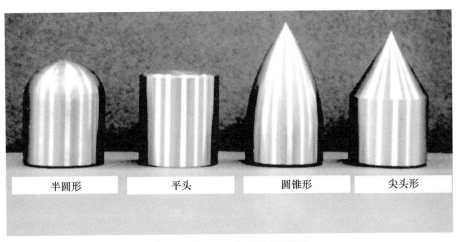

图 6-12　不同形状的弹头

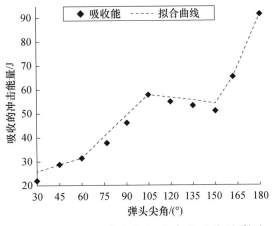

图 6-13　不同弹头尖角对冲击吸能的影响

6.3 防弹用对位芳纶复合材料

6.3.1 热固性树脂体系

20世纪70年代,美军开发了基于芳纶织物的酚醛树脂体系,该体系报道于美国军头盔标准MIL-D-662F,树脂体系由酚醛树脂和聚乙烯缩丁醛树脂(PVB)复合而成,重量比为1:1。体系中酚醛树脂发挥了交联固化作用,为头盔提供结构刚度和黏结性;PVB树脂发挥热塑性树脂的加工性、抗冲击性以及界面黏结性,两者复合为芳纶头盔提供优异的耐候性和防护性能。与其他热塑性树脂相比,PVB树脂在较低温度下热压成型。图6-14为不同温度芳纶酚醛层压板防弹性能图。结果表明,PVB和酚醛树脂在160~170℃成型时,防弹性能最高,层压板防护1.1gFSP的比吸能可达到27.5J·kg/m²。此外,热压成型的时间、压力等条件对防弹性能也有一定的影响。

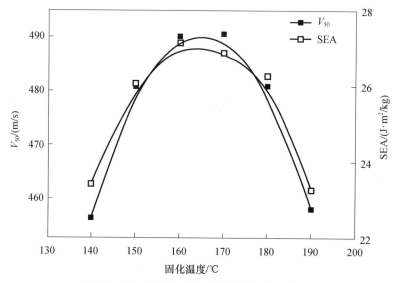

图6-14 固化温度对防弹性能的影响

复合材料的防弹机理与织物叠层相似之处是复合材料和织物叠层都借助高强织物高的拉伸性能,通过拉伸形变吸收冲击能量;不同之处是复合材料层间破坏吸收了部分冲击能量。酚醛PVB体系具有优异的防弹性能,得益于PVB和酚醛树脂复合体系的黏结性和抗冲击性,吸收了弹击的冲击能量同时发挥织物的拉伸性能优势。酚醛PVB体系有别于其他树脂体系,其多重反应机理形成独特互穿网络结构是其优异抗冲击性能的根本原因。

酚醛树脂与PVB热压成型过程可发生多重反应,包括酚醛树脂的自交联,

PVB 树脂未缩合的—OH 与酚醛树脂反应等。图 6 – 15 为酚醛-PVB 树脂体系的 TEM 图。由图可见,PVB 树脂在体系中为连续相,酚醛树脂为纳米尺度的海岛相,平均粒径为 74nm。从图中还可看出,部分酚醛树脂形成小范围的连续相,包围着 PVB 树脂,表明体系中形成了一定程度的互穿网络[21]。DMA 的也表明体系中存在互穿网络,如图 6 – 16 所示。由图 6 – 16 可见,树脂的 DMA 有三个峰,分别为 90℃、150℃ 和 250℃,对应与 PVB 树脂相、酚醛-PVB 相(PF-PVB)树脂和酚醛树脂相(PF)树脂的玻璃化转变温度。体系中 PF-PVB 相也表明,酚醛-PVB 树脂中存在互穿网络结构。

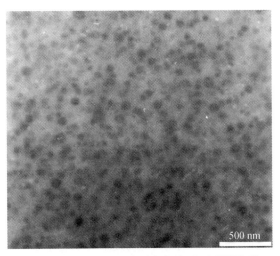

图 6 – 15　酚醛-PVB 树脂体系的 TEM 图

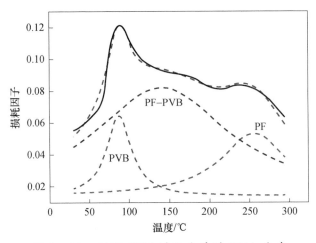

图 6 – 16　酚醛-PVB 树脂体系的 DMA 曲线

基于酚醛－PVB体系防弹头盔具有优异的结构刚度强和防弹性能等特点,该体系一直沿用至今,但仍存在以下问题:①加工时间长,防弹头盔成型过程需要经过涂布工艺、裁剪工艺、预热手糊工艺、预成型工艺、热压成型以及边缘裁剪等流程,这些工艺显著地增加了头盔的制作成本;②由于树脂体系以酚醛为主,头盔成型在涂布、裁剪、手糊、热压成型过程均会释放少量的甲醛和苯酚,长时间操作势必会影响操作员工身体健康。为此,开发环保类酚醛树脂和快速成型的树脂体系是目前防弹头盔树脂体系的两个趋势。

基于市面多款酚醛树脂产品,研究了酚醛树脂结构对防弹性能的影响,包括低甲醛和游离酚含量的环保型酚醛树脂、尼龙改性酚醛树脂、硅烷偶联剂改性酚醛树脂、高邻位酚醛树脂、双酚A改性酚醛树脂以及芳烷基改性酚醛树脂。将酚醛树脂与PVB树脂复合,制备了层压板。研究结果表明,尽管芳烷基改性、双酚A改性和高邻位改性的酚醛提高了复合材料的抗弯强度和冲击性能,但是层压板的V_{50}反而降低。基于环保类的热塑性酚醛树脂表现出优异的加工性,防弹性能略低于热固性树脂体系。如图6－16为热塑性酚醛——PVB树脂体系芳纶复合材料DMA曲线,由DMA曲线可知,热塑性树脂与PVB并未形成明显的互穿网络结构。

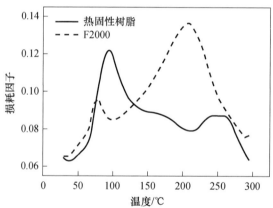

图6－17　热塑性酚醛——PVB树脂体系芳纶复合材料DMA曲线

陈强[22]对比了不同树脂体系的芳纶纤维复合材料的防弹性能。结果表明,改性酚醛树脂体系防弹性能最高,与之相比,双马来酰亚胺和双酚A的环氧体系,防弹性能最低。陈强认为,复合材料的防弹性能与树脂的损耗因子有一定的相关性,损耗因子越大,松弛时间越短,纤维与树脂间的协同响应越适应。

6.3.2　热塑性树脂体系

热固性树脂交联网状结构为芳纶头盔提供了优异的结构刚度,但加工过程相对烦琐,包括裁剪、手糊和装备等多个工序,降低加工效率的同时增加了头盔的加工成本。与之相比,热塑性树脂具有快速成型,生产过程为挥发物释放低,更环保。Folgar 等[23]开发了热塑/热固杂化的芳纶头盔,如图 6-18 所示。头盔防弹层为热塑性增强复合材料,而外壳则采用碳纤维增强复合材料,一方面保持热塑性复合材料高抗冲击的特点,另一方面借助碳纤维复合材料提高头盔的刚度。防弹性能测试结果表明,基于热塑性树脂体系的芳纶头盔,比酚醛树脂体系的热固性头盔 1.1g 破片的防弹性能提高了 5% 和 10%。Carrillo 等[24]研究了芳纶/PP 复合材料和芳纶织物的防弹性能,结果表明,芳纶/PP 复合材料具有更优异的防弹性能。荷兰 Tencate 公司开发了芳纶/尼龙的防弹头盔,防弹性能满足了警用标准要求。

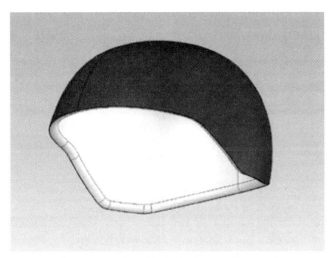

图 6-18　基于热塑性树脂的芳纶头盔

6.4　防刺用对位芳纶复合材料

尖刀穿刺与枪弹冲击差别主要表现在以下两点:①普通枪弹的速度为 350～1000m/s,冲击能量大于 100J,尖刀穿刺速度为 1～5m/s,穿刺能量为 30J 左右。②普通枪弹多为平头或半圆头,冲击过程以拉伸断裂为主,尖刀更容易滑移,锋利的边缘以剪切为主,未切割的纤维以拉伸变形为主。为此,防刺材料的设计有两个思路:一是设计合理的结构以提高复合材料剪切强度;二是通过提高材料的结构刚度以提高其顶破强度。目前市场开发的防刺材料种类繁多,主要包括 UHMWPE/热塑性薄膜、芳纶织物或 UD/热塑性(热固性)薄膜、金属网、钢板以及 STF 复合材料。金属网和钢板具有优异的抗剪切性能和顶破强度;但是基于上述材料制备的防弹衣不仅重而且非常坚硬,严重地降低了军警人员的作战的灵活性。

UD 结构对防刺性能有较大影响[25]，不同结构的防刺材料穿刺的形貌如图 6－19 所示。由图 6－19 可见：单一交叉结构的 ZT161PP，其破坏形貌主要为纤维的剪切断裂；而 ZTC244PP 增加了部分交叉结构，部分纤维存在一定的劈裂，表明顶破过程有一点的拉伸破坏。图 6－18(c) 和 6－18(d) 则呈现了多种的破坏形式，部分纤维是中间劈裂，部分纤维出现微纤化，刀尖顶破的机理已趋多元化。因此，随着交叉结构的增加，UD 材料的防刺性能也逐步增加。与防刺性能相比，UD 材料的防弹性能随着纱线交叉结构的增加，防弹性能反而降低。

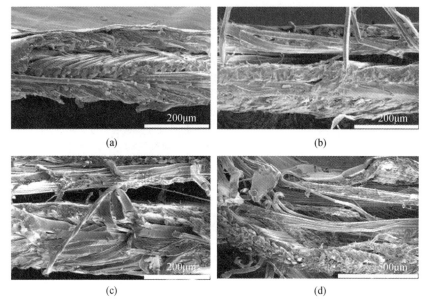

图 6－19　不同结构 UHMWPE 复合材料的穿刺刀口的微观形貌
(a)ZT161PP；(b)ZTC244PP；(c)ZTC3PP 刀口中间；(d)ZTC3PP 刀尖位置。

目前，市面的芳纶防刺材料以芳纶织物与热固性树脂/热塑性树脂复合为主，究其原因是芳纶纤维 UD 制备工艺不如 UHMWPE UD 成熟，制作成本也远高于 UHWMPE 体系。多向铺层技术弥补了 UHMEPE 纤维的低剪切强度的特点，虽无法解决多向铺层材料防弹性能低的问题，但可以为芳纶防弹防刺材料的设计提供更多的思路。基于传统的热塑性树脂的防弹防刺材料，并通过设计不对称的复合结构，即两侧树脂含量不对称的织物片材。图 6－20 归纳了不同树脂含量的国产芳纶/PVB 体系的动态穿刺顶破载荷。由图可见，相同树脂含量下，不对称结构的顶破载荷高于传统的对称结构，同时防弹性能也显著提高。不迎刺面树脂含量高，顶破强度大，增强了穿刺过程的阻力，提高防刺性能，另一侧树脂含量低，纤维受束缚小，可以充分发挥纤维拉伸变形的吸能的优势，提高防弹性能。

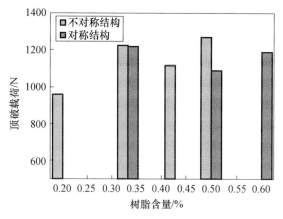

图 6 - 20 对称结构和对称结构顶破载荷比较

6.5 典型的对位芳纶防弹产品

6.5.1 防弹衣

1. 防弹衣检测标准

各国根据军用和警用防弹衣面临的实际威胁制定了相应的产品标准。表 6 - 4 和表 6 - 5 对国内外防弹衣测试标准不同防护等级的测试要求进行了比较。(GA 141—2010)《警用防弹衣》规定了不同级别的警用防弹衣的测试枪弹和速度类型,对于 1 ~ 3 级的软体防弹衣还需要进行耐候性能测试,分别为(55 ± 2)℃高温环境下 4h、-(20 ± 2)℃低温环境下、温度(70 ± 2)℃湿度为 80% 的湿热环境下 240h 的耐候性测试。此外,对于 3 级以下的防弹衣,常温样品还需要增加角度测试,侵彻角分别为 30° 和 45°,同时样凹陷深度不超过 25mm。NJI0101.06 的湿热老化条件要求温度为 65℃,相对湿度为 80%,略低于公安部标准,测试角度和位置基本与我国防弹衣标准要求相同。

表 6 - 4 NIJ 0101.06 防弹衣各等级的检测方法[26]

防护等级	枪弹类型	质量/g	速度/(m/s)
IIA	0.40 S&W 半自动手枪全金属外壳(FMJ)	11.7	325 ± 9.1
	9mm 全金属外壳圆头(FMJ RN)	8.0	373 ± 9.1
II	0.357 Magnum 转轮手枪外壳软头(JSP)	10.2	408 ± 9.1
	9mm FMJ RN	8.0	379 ± 9.1

（续）

防护等级	枪弹类型	质量/g	速度/（m/s）
IIIA	0.44 Magnum 转轮手枪半外壳空心头（SJHP）	15.6	436±9.1
	0.357 SIG 手枪全金属外壳的平头（FMJ FN）	8.1	430±9.1
III	7.62mm FMJ 钢外壳枪弹 M 80	9.6	847±9.1
IV	7.62mm 穿甲弹 M2 AP	10.8	878±9.1

表 6-5　公安部防弹衣各等级的检测方法[27]

防护等级	枪弹类型	质量/g	速度/（m/s）
1	圆头铅心、铜被甲，7.62mm 手枪弹（铅心）	4.87	320±10
2	圆头铅心、覆铜钢被甲，7.62mm 手枪弹（铅心）	5.60	445±10
3	圆头铅心、覆铜钢被甲，7.62mm 手枪弹（铅心）	5.60	515±10
4	圆头钢心、覆铜钢被甲，B 式 7.62mm 手枪弹（钢心）	5.68	515±10
5	尖头锥底钢心、覆铜钢被甲，7.62mm 手枪弹（钢心）	8.05	725±10
6	尖头锥底钢心、覆铜钢被甲，7.62mm 手枪弹（钢心）	9.60	830±10

注：当防弹衣局部地区有防弹插板增强且防护等级达到 4 级以上，需要备注，同时注明防弹芯层对应的防护等级

2. 典型的防弹衣

20 世纪 70 年代，杜邦公司实现了对位芳纶纤维的产业化，对位芳纶纤维替代了玻璃钢复合材料、高强尼龙和金属板等传统材料，成为制作防弹衣的核心材料。1973 年，美国布兰克公司基于对位芳纶纤维开始为美军设计和制造软体防弹衣，并开发了模块化防护背心（MTV）和野战防护背心（OTV），升级版模块化防护背心（IMTV）和升级版的野战防护背心（IOTV）4 代防弹衣是现阶段的主打产品（图 6-21）。与 MTV 相比，IMTV 设计更合理，增强了侧躯干的防护，减少了腋下和两侧的暴露面积，同时保留了快速穿戴结构，IMTV 各区域重量配比更合理，人

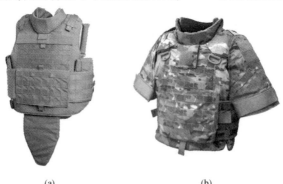

(a)　　　　　　　　(b)

图 6-21　美军的典型防弹衣产品

性化设计大幅度提高了作战的灵活性和机动性。IOTV 4 强调防弹系统和附加系统的重量的平衡性,综合考虑防弹衣实战的防护性能、灵活性和多功能性。

对位芳纶纤维一直处于杜邦公司和帝人公司两家寡头垄断的局面,加之原材料进口限制,因而我国的防弹衣一直以防弹钢板为主。2001 年,美国取消 Kevlar 纤维对我国出口的限制,总后军需装备研究所基于 Kevlar129 纤维的特点和我军体型特征,开发了 79 型软体防弹衣。2002 年,我国的 UHMWPE 纤维实现了国产化,总后军需装备研究所基于国产聚乙烯纤维开发了步兵 A、B、C 型防弹衣,防护性能接近美军拦截者防弹衣。2012 年,我国对位芳纶纤维实现了国产化,2015 年,烟台泰和新材股份有限公司开发了国产防弹用芳纶纤维 629,我国对位芳纶纤维防弹衣才实现真正意义的国产化(图 6 - 22)。

图 6 - 22 国产 2004 防弹背心

6.5.2 防刺服

1. 防刺服检测标准

NIJ0115.00 为国际通用的防刺服测试标准(表 6 - 6),每个级别对应的冲击能量下,防刺服被穿透的深度不超过 7mm,而 GA 68—2008《警用防刺》要求则更为严格,相同能量冲击下,防刺服不能穿透。

表 6 - 6 NIJ0115.00 防刺服各等级的检测标准[28]

防护等级	E_1		E_2	
	冲击能量/J	穿透深度/mm	冲击能量/J	穿透深度/mm
I	24 ± 0.5	7	36 ± 0.6	20
II	33 ± 0.6	7	50 ± 0.7	20
III	43 ± 0.6	7	65 ± 0.8	20

注:每个级别规定了两个冲击能量的指标,E_1 为低的冲击能量指标,穿透深度不超过 7mm 视为合格,7mm 为研究机构统计人体内器官可能受伤的穿透深度;E_2 为高的冲击能量指标,冲击能力为 E_1 的 50%,穿透深度不超过 20mm,E_2 用来评估防弹衣设计的安全裕度

2. 典型的防刺服

表 6 - 7　Tencate 公司研发的热塑性防弹衣和防刺服性能

测试枪弹	织物面密度 /(kg/m²)	V_{50} /(m/s)	SEA /(J·m²/kg)	防护类型
9mm FMJ	3.9	481	237	防弹
	3.7	386	161	防弹防刺
	5.0	522	218	防弹
	4.9	414	140	防弹防刺
1.1g FS P	3.9	483	32.9	防弹
	3.7	402	24.0	防弹防刺
	5.0	553	33.6	防弹
	4.9	468	24.5	防弹防刺

表 6 - 7 为荷兰 Tencate 公司基于开发热塑性树脂体系的芳纶防弹防刺材料。面密度为 8kg/m² 的防护材料防刺性能可达到 NIJ 0115 I 级标准要求，9.3kg/m² 可达到 NIJ 0115 II 级标准要求。由表 6 - 7 可见，相近面密度的防弹防刺材料的 SEA 值明显低于防弹材料。例如，面密度为 3.7kg 的防弹防刺材料，1.1gFSP 的 SEA 仅为 24.0J/m²，而单纯的防弹材料 SEA 为 32.9J/m²。防弹防刺材料树脂含量高于防弹材料，相同重量下，自然后者拉伸或剪切断裂的数量少于前者；同时，Tencate 的防刺材料采用热塑性树脂来束缚纤维的滑移，从而提高了织物的顶破强度，这也相应地降低了纤维滑移吸收的能量。显然，防弹防刺材料的设计远比单纯防刺或防弹材料复杂，如何平衡防刺和防弹之间的比例是设计的关键。

6.5.3　防弹头盔

1. 防弹衣检测标准

防弹头盔是芳纶纤维在防弹领域的典型产品，我国现役头盔材料以芳纶纤维为主，警用头盔以 UHMWPE 纤维为主。军用头盔以战场典型两种破片为防护对象，分别为 64 格令（1 格令 = 0.065g）和 1.1g 破片，其中要求 1.1g 破片的 V_{50} 要大于 610m/s，而 300m/s，弹击速度为 64 格令破片产生的瞬间凹陷小于 25mm。与军用防弹头盔不同，警用防弹头盔以手枪枪弹防护为主，同时弹击后的永久变形要小于 25mm，具体要求见表 6 - 8。

表6-8　警用头盔测试标准

枪弹类型		V_0		
		弹击数量/发	弹速/(m/s)	弹痕高度/mm
1级	1964年式7.62mm 手枪弹(铅心)	5	320±10	25
2级	1951年式7.62mm 手枪弹(铅心)	5	445±10	25

注:1. 警用头盔前处理条件包括常温、浸水24h、低温-25℃/3h、高温55℃/3h
　　2. 标准来源:GA293—2012《警用防弹头盔及面罩》

2. 典型的防弹头盔

模压成型是目前防弹头盔的主要成型工艺,成型过程主要包括:①制备预浸料,通过涂层机或单向排布机制备树脂含量为10%~30%的高强纤维预浸料;②预浸料的裁剪,将预浸料裁剪成特定的形状;③预成型,借助热风的辅助作用,采用手糊方式将裁剪的预浸料逐层粘贴成头盔形状;④热压成型;⑤脱模和边缘裁剪。

美国Natick公司基于酚醛树脂体系开发了PASGT头盔。与军用钢盔相比,芳纶头盔重量更轻,防弹性能更高,同时可以降低战场枪弹的二次弹射。2001年,ACH头盔开始服役于美军特种部队,ACH头盔比PASGT头盔轻1.5磅(1磅=0.4536kg),防弹性能更优异,ACH头盔可抵挡9mm手枪子弹打击。ECH头盔是ACH头盔的升级版,头盔重量更轻,但防弹性能更高。图6-23为美军的ACH和ECH头盔,主体结构由芳纶盔壳、泡沫缓冲垫、塑料悬挂件等组成。ACH头盔的主要特点是重量轻、防护性能强,其小号头盔不仅为1.3kg,大号头盔也不超过1.5kg。表6-9为ACH头盔的主要防弹性能指标,1.1gFSP的V_{50}可以达到670m/s。

图6-23　ACH头盔和ECH头盔

表 6 - 9 ACH 头盔的防弹性能

枪弹类型	$V_{50}/(\text{m/s})$
2 格令圆头柱形破片	1281
4 格令圆头柱形破片	1060
16 格令圆头柱形破片	755
64 格令圆头柱形破片	534
17 格令破片	671

QGF-02 头盔是国产第二代头盔,外形借鉴于 PASGT 头盔,整备质量为 1.45kg,V_{50} = 610m/s。QGF-02 头盔于 1997 年开始装备驻港部队,并逐步成为我军制式头盔。QGF-03 盔是 QGF02 头盔的改良版,盔型设计更合理,头盔重量进一步减轻,盔重为 1.3kg,V_{50} = 630m/s。通过调整织物结构,开发了基于国产芳纶纤维研制的 QGF - 03 头盔(图 6 - 24),1.1gFSP 的 V_{50} 可达到 625m/s。

图 6 - 24 QGF - 03 头盔

6.5.4 车辆/舰船防弹装甲

1. 防弹车辆/舰船检测标准

硬装甲的检测标准与防弹衣检测标准近似,针对不同防护对象有不同的等级要求,国外车辆相关检测标准主要有 BS EN 1063/DIN EN1063 和 NIJ 0108.01。国内车辆检测标准主要以 GA 668—2006《警用防暴车通用技术条件》为主,防弹性能要求如表 6 - 10 所列。

表 6 - 10 警用防暴车通用技术条件

防护级别	枪弹类型	质量 /g	射距 /m	弹速 /(m/s)	射击部位	弹着点间距 /mm
A	51B 式 7.62mm 手枪弹(钢)	5.68	10	480～530	按具体车型,每个部位 3 发,轮胎 1 发	50±20
B	56 式 7.62mm 普通弹	8.05	15	710～725		
C	87 式 5.8mm 普通弹	4.15	20	920～960		100±30

2. 典型的防弹车辆/舰船

硬装甲为具有防护、运载和作战能力的军用车辆的统称,包括步兵战车、装甲运兵车、装甲指挥车和装甲通信车等。有别于防弹衣和防弹头盔,硬装甲的防护对象为大口径高动能的枪弹,如 7.62mm 和 12.7mm 穿甲燃烧弹。金属和陶瓷是硬装甲常用的材料,包括钢板、铝合金、氧化铝陶瓷、碳化硼陶瓷。随着防护对象的复杂化,硬装甲结构已由简单的金属结构转变为多功能材料的复合结构。装甲车辆最外层为复合材料层,发挥抗低速冲击和抗腐蚀的作用;中间层为陶瓷层、橡胶层、复合材料层,为装甲车提供防弹功能;内层为复合材料层,便于装甲车内部装配,同时提供阻燃的功能。显然,复合材料已经成为现代轻质装甲防护车的主要组成部分。

芳纶复合材料具有质轻、高强、高模的特点,是轻量化装甲防护的首选材料,同时芳纶复合材料与金属、陶瓷有优异的黏结性,因而更适合现阶段多功能梯度的复合材料。在防护装甲中,芳纶复合材料与陶瓷发挥着防弹作用,陶瓷材料硬度高,高速枪弹弹击时,陶瓷发生粉碎性破坏吸收冲击能量,同时将子弹变形,降低枪弹的侵彻能力;芳纶复合材料发挥其强而韧的特性,通过复合材料的拉伸变形吸收残余的冲击动能。美军基于芳纶纤维复合材料开发了 RG – 31（图 6 – 25）、RG – 33 MRAP 等一系列的装甲车。RG – 31 设计目的针对简易的爆炸装置[29],同时具有防护 7.62mm 穿燃弹、小型手枪弹等,由于重量轻,因而机动性强,时速可以达到 105 km/h。

图 6 – 25　RG – 31 装甲车

6.6　小结

本章简要介绍了防弹用纤维、织物以及复合材料的特点以及对位芳纶纤维在防弹衣、防刺服、防弹头盔和防弹装甲等防护领域的应用。对位芳纶纤维在防弹领域的应用已近 50 年,无论是织造方式还是复合形式均发生很大的改变,随着三向编织、三维织造等技术日益成熟,结合有限元模拟技术的结构优化,对位芳纶纤维在未来防护领域有更广阔的应用前景。

参 考 文 献

[1] Gunnarsson C A, Weerasooriya T, Moy P. The effect of loading rate on the tensile behavior of single Zylon fiber[C]. In: Proulx T. (eds) Dynamic Behavior of Materials, Volume 1. Conference Proceedings of the Society for Experimental Mechanics Series. Springer, 2011, New York, NY.

[2] Sanborn B, Weerasooriya T. Quantifying damage at multiple loading rates to Kevlar KM2 fibers due to weaving, finishing, and pre-twist[J]. International Journal of Impact Engineering. 2014, 71(6): 50-59.

[3] Zhu D, Mobasher B, J Erni, et al. Strain rate and gage length effects on tensile behavior of Kevlar 49 single yarn[J]. Composites: Part A. 2012, 43(11): 2021-2029.

[4] Kim J H, Heckert N A, Leigh S D, et al. Statistical analysis of PPTA fiber strengths measured under high strain rate condition[J]. Composites Science & Technology, 2014, 98(16): 93-99.

[5] Russell B P, Karthikeyan K, Deshpande V S, et al. The high strain rate response of ultra high molecular-weight polyethylene: from fiber to laminate[J]. International Journal of Impact Engineering, 2013, 60(10): 1-9.

[6] Naik N K, Shrirao P, Reddy B C K. Ballistic impact behaviour of woven fabric composites: Formulation[J]. International Journal of Impact Engineering, 2006, 32(9): 1521-1552.

[7] Parsons E M, King M J, Socrate S. Modeling yarn slip in woven fabric at the continuum level: Simulations of ballistic impact[J]. Journal of the Mechanics and Physics of Solids, 2013, 61(1): 265-292.

[8] Kirkwood J E, Kirkwood K M, Lee Y S, et al. Yarn Pul-Out as a Mechanism for Dissipation of Ballistic Impact Energy in Kevlar® KM-2 Fabric, Part I: Quasistatic Characterization of Yarn Pull-Out[J]. Textile Research Journal, 2004, 74(10): 920-928.

[9] Nilakantan G, Jr J W G. Yarn pull-out behavior of plain woven Kevlar fabrics: Effect of yarn sizing, pullout rate, and fabric pre-tension[J]. Composite Structures, 2013, 101(15): 215-224.

[10] Duan Y, Keefe M, Bogetti T A, et al. Modeling friction effects on the ballistic impact behavior of a single-ply high-strength fabric[J]. International Journal of Impact Engineering, 2005, 31(8): 996-1012.

[11] Nilakantan G, Jr J W G. Ballistic impact modeling of woven fabrics considering yarn strength, friction, projectile impact location, and fabric boundary condition effects[J]. Composite Structures, 2012, 94(12): 3624-3634.

[12] Zhou Y, Chen X, Wells G. Influence of yarn gripping on the ballistic performance of woven fabrics from ultra-high molecular weight polyethylene fiber[J]. Composites Part B, 2014, 62(62): 198-204.

[13] Karahan M, Kus A, Eren R. An investigation into ballistic performance and energy absorption capabilities of woven aramid fabrics[J]. International Journal of Impact Engineering, 2008, 35(6): 499-510.

[14] Bazhenov S L, Goncharuk G P. The Influence of Water on the Friction Forces of Fibers in Aramid Fabrics[J]. Polymer Science, 2014, 56(2): 184-195.

[15] Li Yan, Li Changsheng, Zhou Hong, et al. Effects of water on the ballistic performance of para-aramid fabrics: three different projectiles[J]. Textile Research Journal, 2016, 86(13): 1372-1384.

[16] Chen Xiaogan. Advanced Fibrous Composite Materials for ballistic protection[M]. Elsevier. UK. p101.

[17] 顾冰芳, 龚烈航, 徐国跃. Kevlar 纤维叠层织物防弹机理和性能研究[J]. 南京理工大学学报(自然科学版), 2007, 31(5): 638-642.

[18] 翁浦莹, 李艳清. MEMON、Kevlar、UHMWPE 叠层织物防弹性能研究[J]. 现代纺织技术, 2016, 24(3): 13-18.

[19] Tan V B C,Lim C T,Cheong C H. Perforation of high – strength fabric by projectiles of different geometry [J]. International Journal of Impact Engineering,2003,28（2）：207 – 222.

[20] Talebi H,Wong S V,Hamouda A M S. Finite element evaluation of projectile nose angle effects in ballistic perforation of high strength fabric[J]. Composite Structures,2009（87）：314 – 320.

[21] Li Chang – sheng,Huang Xian – cong,Li Yan,et al. Effects of thermal aging on microstructure of PVB/Phenolic resin and its aramid composites[J]. Polymer Composites ,2015,38（2）:252 – 259.

[22] 陈强. 芳纶/酚醛复合材料防弹性能研究[D]. 武汉理工大学,2001.

[23] Folgar F,Scott B R,Walsh S M,et al. Shawn Thermoplastic matrix combat helmet with graphite epoxy skin [C]. Tarragona,Spain 16 – 20 April 2007.

[24] Carrillo J G,Gamboa R A,Flores – Johnson E A,et al. Ballistic performance of thermoplastic composite laminates made from aramid woven fabric and polypropylene matrix[J]. Polymer Testing,2012,31（4）：512 – 519.

[25] Li Chang – sheng,Huang Xian – cong,Li Yan,et al. Stab resistance of UHMWPE fiber composites impregnated with thermoplastics[J]. Polymers for Advanced Technologies,2014,25（9）:1014 – 1019.

[26] NIJ 0101. 06. Ballistic Resistance of Body Armor[S]. U. S. Department of Justice Office of Justice Programs National Institute of Justice. USA. 2008.

[27] 国家质量监督检验疫总局. 警用防弹衣 GA 141—2010:[S]. 中华人民共和国公共安全行业标准. 北京:中国标准出版社. 2010.

[28] Stab Resistance of Personal Body Armor NIJ0115. 00:[S]. U. S. Department of Justice Office of Justice Programs National Institute of Justice. USA. 2000.

[29] Army-technology. RG-31 Mk5 Mine-Protected Vehicole[EB/OL]. [2016-12-08]. http://www. army – technology. com/projects/rg31mk5mineprotected.

第7章

对位芳香族聚酰胺纤维在
橡胶工业中的应用

7.1 橡胶工业用对位芳纶纤维

7.1.1 橡胶工业用骨架材料

高速高载重汽车/飞机轮胎、抗高压特种胶管和高强力特种橡胶输送带等橡胶制品的受力,必然要依靠增强材料来承受。橡胶就如同一个人的肌肉,增强材料如同一个人的骨骼,坚强的骨骼和强壮的肌肉相组合才能体现力量。因而橡胶制品中的增强材料也称作"骨架材料"。

我国是橡胶制品生产大国[1],年产值超万亿元。除了每年消耗大量橡胶(近1000万t),骨架材料(包括锦纶、涤纶、钢丝、芳纶等)也是橡胶工业重要的基础材料。橡胶工业纤维骨架材料的发展经历了棉帘线、聚酯/尼龙纤维、钢丝纤维以及近年正在逐步使用的高强尼龙/聚酯纤维、芳纶纤维等高性能纤维。据中国橡胶工业协会统计,橡胶工业纤维骨架材料每年用量近300万t,其中合成纤维约占30%且逐年增加。随着航天航空、深潜深掘等人类活动的增加,高强聚酯/尼龙、超高分子量聚乙烯纤维、芳纶纤维等轻质高强/高模、耐高低温、抗冲击耐疲劳性能优异的高性能纤维成为纤维骨架材料的重点发展方向,用量逐年增加。据国外统计,应用于轮胎和胶管胶带等橡胶产品的芳纶纤维约占总用量的20%,橡胶产业是芳纶纤维应用的第二大领域。全球芳纶纤维应用在橡胶产业约1.5万~2.0万t(全球芳纶产量约10万t),而我国不到500t。

表7-1列举了输送带用常见骨架材料的特点。Kevlar®纤维用作骨架材料具有高强高模,重量轻,低跑长,不生锈,同样强度等级下成槽性更好,阻燃和耐冲击等一系列优点。

表 7—1　帝人公司对不同骨架材料的性能的分析比较[2]

性能	特瓦纶 Twaron	特克诺拉(Technora)	超高分子量聚乙烯	碳纤维	玻璃纤维	聚苯并咪唑	氧化聚丙烯腈	帝人科耐斯芳纶纤维	聚对苯二甲酸乙二醇酯	聚酰胺-6	聚酰胺-66
密度/(g/cm³)	1.44~1.45	1.39	0.97~0.98	1.78	2.55	1.43	1.35~1.40	1.38	1.37~1.4	1.13	1.13
抗张强度/GPa	2.4~3.6	3.4	2.2~3.9	3.5~7①	1.5~3	0.32	0.2~0.3	0.62~0.69	1.1	0.9	0.9
韧度/(N/tex)	1.65~2.5	2.5	2.3~4.0	2.0~3.9①	0.6~1.2	0.24	0.15~0.2	0.45~0.5	0.6~0.8	0.7~0.75	0.75
模量/GPa	60~120	74	52~132	230~540	72	5.1	7~11	35~45	—	—	—
断裂伸长率/%	2.2~4.4	4.5	3~4	0.7~2.0①	1.8~3.2	27	15~23	5~5.5	10~15	20~25	18~25
水分/%(质量分数)	3.2~5	1.9	<0.1	0	0.1	15	10	5	0.4	3.5~4.5	4~6
玻璃转化/℃	500	500	—	—	1140	>400	—	280	82	50	50
℉	932	932	—	—	—	—	—	536	180	122	122
分解和熔化/℃	—	—	144~152	3700	825	450	—	400	255	223	260
℉	—	—	291~306	6692	1507	842	—	752	491	433	500
极限氧指数/%	29②~37①	25②	<20	—	—	>41	55	29~32	18~21	20~21	20~21

①矩阵结构,②织物测试,③长丝纱线测量,Twaron 和 Technora 均为帝人公司的对位芳纶。

采用芳纶纤维增强的橡胶复合材料既综合了芳纶纤维的高强度、耐高温和高模量,又具有橡胶的优良密封、减振阻尼、抗冲等性能特点,可广泛应用于汽车/飞机高性能或特种轮胎、耐压胶管,煤矿、炼钢、水泥、焦炭、矿山等国家重点产业物料远距离输送的大型输送带,机械设备的大功率动力传动用特种胶带,以及输送各种高热、高腐蚀介质的胶管等。

7.1.2 橡胶用芳纶纤维帘子布

帘子布是芳纶纤维应用于橡胶轮胎的主要应用形式。由于轮胎长期在不同环境下受到反复力的作用,因此要求轮胎具有高耐磨、高抗冲击减振性、耐高温等特性。芳纶纤维在这些方面均表现出优异的特性。根据芳纶的综合性能,芳纶帘子布的优点:①使用芳纶帘子布可减少胎体的层数,车胎重量减轻,降低轮胎滚动阻力,可以减少油耗。②芳纶帘子布与橡胶的黏合效果比钢丝好,并且不容易受水分、湿度的影响。③使用芳纶帘子布,轮胎的刚性、耐磨性得到提高,从而使轮胎性能具有如下优点:燃油经济性提高 1.25%;乘坐舒适,低噪声;牵引和制动性能最佳;耐磨性、耐刺扎性及操控稳定性好;温升较小,适合高速行驶;胎面磨耗量小、胎体寿命长,废胎容易处理,翻新率提高等,如表 7-2 所列[3]。

表 7-2 芳纶纤维性能与轮胎性能的对应关系[3]

芳纶性能	对轮胎性能的贡献
比强度高	芳纶的强度高而断裂伸长率低,这些性能与钢丝相仿。以同等质量而言,芳纶的强度比钢丝高 5 倍,是车辆轮胎中传统的钢材料部件的替换材料。由于轮胎质量减小,胎体厚度减小,使其滚动阻力减小,耗油量降低,且降低了废气排放量。
比模量高	作为橡胶添加材料时,芳纶在使胶料的能量损耗和其他所需性能的损失为最小的情况下,使胶料的模量大大提高。
极佳的强度保持性与耐久性	芳纶成为可耐受轮胎的周期性应力作用和恶劣工作条件下的理想材料。
振动与噪声的阻尼	芳纶固有的对振动与噪声的阻尼性能使汽车的乘坐舒适度提高,路面噪声降低。
尺寸稳定性	芳纶可改善轮胎的安全性能,即抓着性和路面附着性、操作性能及有效的防制动抱死系统。将离心膨胀减小到最小限度,使轮胎在很宽的变速范围和不同的路面上都可保持其外形及胎面接地印痕不变。芳纶的热膨胀和热收缩为零,这一点在限制振动性"平点"方面至关重要。
生热减小	较低的轮胎行驶温度可减小轮胎的滚动阻力。
耐腐蚀性	芳纶呈化学惰性,既不被腐蚀,也不促进其他材料腐蚀,可提高载重轮胎的翻新次数。
柔韧性	芳纶以多种形式供货,以适应各种特殊需要。芳纶及芳纶-弹性体复合材料可用于制造折叠带束层、无接头带束层、胎圈外护圈包布等。

7.1.2.1　动态黏弹性

从动态力学方面分析,对位芳纶的模量随着温度的提高而增加,损耗模量却随着温度的提高而下降,因而对位芳纶具有优异的高温使用性能;同时它还具有较小的滞后损失,轮胎行驶变形小,降低了动态生热,滚动阻力低,高速行驶性能优良。因此,由对位芳纶纤维制得的轮胎帘子布在高温下力学性能基本不受温度的影响,在交变应力作用下内耗低、发热量小、寿命长、可以减小轮胎增强材料的体积和质量,而且最大限度地减少材料的能耗,轮胎这些性能的改进提升,能够极大地提高产品质量和竞争力,并把一些极限指标提高到新高度。

乘用轮胎在高速公路上按正常速度远距离行驶过程中,比如夏天,路面温度较高,可能出现的极限温度可以达到130℃,在这个温度下,不同合成纤维材料的滞回曲线如图7-1所示。在130℃下,以1Hz的频率对帘线分别施加2%~5%,2%~10%,2%~15%,2%~20%以及2%~25%的循环应力的帘线形变过程。芳纶的伸长变形最小,也就意味轮胎胀大的可能性最小,轮胎具有更好的抗爆破性能。

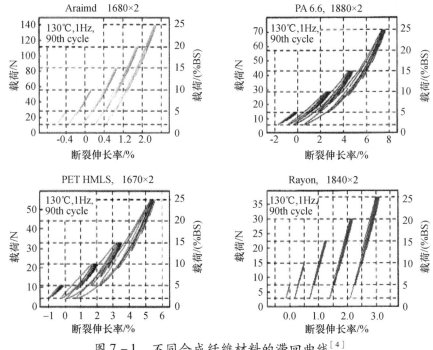

图7-1　不同合成纤维材料的滞回曲线[4]

注:%BS 为断裂强度比率。

图7-2为循环应力试验第90次时的滞回曲线。由图中可见,芳纶纤维滞回曲线面积最小,意味着芳纶纤维循环应力作用下生热量最小,从而可降低轮胎的总生热量。芳纶纤维受力后伸长变化小,也就是图中芳纶滞回曲线的斜率大,

意味着芳纶对受力的响应能力及时。对于汽车轮胎而言,胎体骨架材料的形变越大,意味着轮胎不能及时相应转向指令,可能出现转向不足,在轮胎随后回正过程中,却不会及时回正,又出现转向过度,造成汽车的操纵性能变差,在进出弯道中,汽车容易造成失控,高速情况下尤为明显,严重影响汽车的安全性能。轮胎的运行速度越高,轮胎对滞回曲线的斜率,也就是模量的要求越高。因此,高速轮胎胎体增强材料选择芳纶等高模量纤维,可以更好地保证轮胎的操纵性能和安全性能。而锦纶66和普通聚酯纤维是不适合生产高速子午线乘用轮胎胎体增强。人造纤维,则强度较低,所用的帘线层数增加,胎体厚度增加,虽然可以改善轮胎的操纵性能,但会造成轮胎的耐久性能下降。

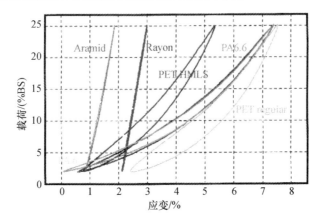

图7-2 循环应力试验第90次时的滞回曲线

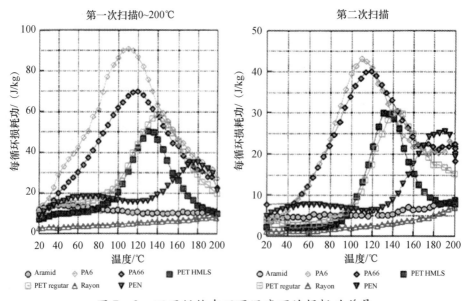

图7-3 不同纤维在不同温度下的损耗功差异

帝人公司通过对各种帘线的研究,分析了芳纶帘线和其他纤维在不同温度下的损耗功差异,如图7-3所示。图中可见,芳纶纤维没有生热峰,锦纶纤维有明显的生热量,在100℃左右达到最大,形成生热高峰,聚酯的生热峰产生温度较高,PEN纤维则在180℃时也有生热峰出现,而芳纶没有生热峰,在子午线轮胎可能达到的100～140℃温度区间,芳纶纤维的生热量很小。PEN纤维在60℃左右有一个不明显的生热峰,生热量大于聚酯,同时还有价格的原因,也限制了PEN的应用。

7.1.2.2　耐高温性

帝人公司[5]的研究表明:芳纶在常温和高温下,其模量和强度基本没有变化,而聚酯、锦纶纤维的初始模量会有大幅度的下降,断裂伸长率变大,强度也出现明显的下降。在不同温度下,芳纶和其他合成纤维的强度/伸长差异如图7-4所示。因此在受热的环境下,芳纶具有更大的应用性能优势。

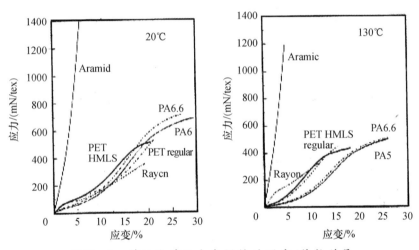

图7-4　芳纶和其他合成纤维的强度/伸长差异

芳纶帘线和其他纤维在不同温度下的弹性模量的变化如图7-5所示。从图中可见,当温度达到120℃,大多数纤维的模量呈现快速下降趋势,将会严重影响轮胎的操纵性能,同时也会导致轮胎外形尺寸变大,气压下降,轮胎下沉变形量增大,不利于轮胎的耐久性能。但在温度达到120℃时,芳纶的弹性模量保持平稳,是聚酯纤维的10倍,是锦纶纤维的20倍,相当于芳纶和聚酯的价格比。芳纶帘线和其他纤维在不同温度下的相对弹性模量的变化如图7-6所示。

从图中可见,随着温度的升高,芳纶的弹性模量变化极小,而大多数热塑性纤维的弹性模量下降到常温弹性模量的50%以下,因而,从保持帘线在轮胎生热后的模量,也就是保证轮胎的可操纵性角度考虑,使用热塑性纤维为骨架材料时,必然增加帘线的绝对用量来确保高温下的弹性模量,从而会增加轮胎重量。如果选择芳纶纤维,则不必增加帘线的绝对用量,也能确保高温下的弹性模量,可直接降低轮胎重量。芳纶和其他纤维在不同温度下的断裂伸长变化如图7-7所示。

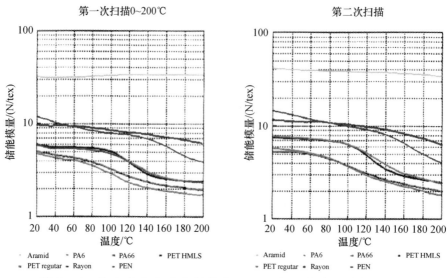

图7-5 芳纶帘线和其他纤维在不同温度下的弹性模量的变化

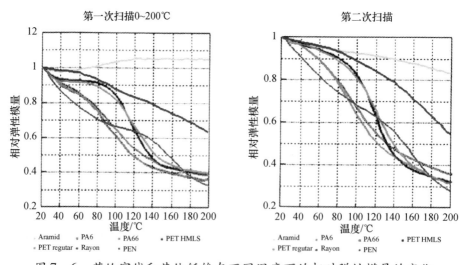

图7-6 芳纶帘线和其他纤维在不同温度下的相对弹性模量的变化

第一次扫描0~200℃

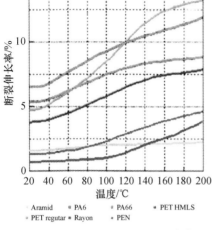

第二次扫描

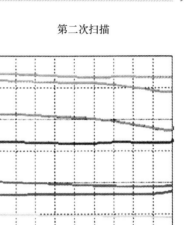

- Aramid   - PA6   - PA66   - PET HMLS
- PET regutar - Rayon   - PEN

图7-7 纤维在不同温度下的断裂伸长变化

7.1.3 芳纶帆布

帆布是纤维应用于芳纶输送带的主要应用形式之一。传统的聚酯输送带(EP输送带)为多层结构,如图7-8所示,一般在4层左右,最多达10层,帆布在经过滚筒表面时,会出现内层帆布压缩,外层帆布张紧,内外层帆布受力不一致的情况,而且输送带的厚度也随之增厚。为了提高输送带经过小直径滚筒的能力,就必须提高帆布的卷曲度,也就是让经纱有更大的弯曲度,从而使外层经纱得到伸张,减少内层经纱的压缩程度,提高输送带的使用寿命,但由此带来了输送带的模量降低,张紧量增加。

图7-8 聚酯输送带多层结构

重型输送带用芳纶帆布最常见为直经直纬结构,如图7-9所示,称作DPP,其经纱为芳纶线绳,纬纱、经纱为锦纶纤维。DPP芳纶输送带往往为单层结构,也就不存在过滚筒时的曲挠度问题。

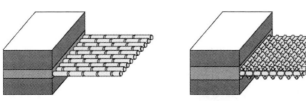

图7-9 芳纶帆布结构

7.1.4 芳纶工程弹性体

芳纶工程弹性体是一种对位芳纶浆粕与一系列橡胶基质的预混合体。它基于一种能够混炼分散多分支浆粕结构的专有技术,使其能够均匀地分散在客户的橡胶配方中,从而有效地增强橡胶材料[6]。

芳纶浆粕可显著改进传动带橡胶性能。芳纶浆粕是由于外部机械作用而产生的原纤化纤维。原纤的存在不但大大提高了纤维的比表面积,也形成了一个向四周空间伸展的网络。可以想象如果将浆粕加入到橡胶基材中,这些原纤可以起到机械锚固的作用。另外由于表面积的大大增加,纤维与橡胶基体之间的亲和作用会增加。因此可以推测浆粕在橡胶中的增强作用会更显著。浆粕比普通的短纤难以分散,纤维之间很容易纠缠而导致分散不匀。为解决浆粕加工中分散的问题,杜邦公司发明了一种工艺将 Kevlar® 浆粕以高含量预分散在橡胶中,形成预分散体,这种产品杜邦公司取名为 Kevlar® Engineered Elastomer,简称 EE。根据不同的橡胶基体 EE 也有不同的规格,如天然胶基的牌号是 1F722,丁腈胶基的是 1F770 等,最近还开发了氢化丁腈胶基的产品,牌号为 1F1598。

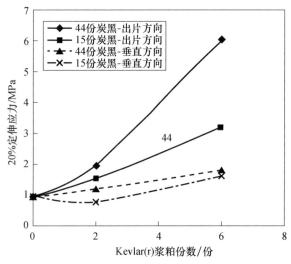

图 7 - 10　芳纶工程弹性体对胶料模量的影响

芳纶工程弹性体可以显著提高橡胶的模量、强度,同时不影响其橡胶的加工性能。压延或挤出的加有浆粕的胶料会表现出模量的各向异性,也就是在加工方向(MD)与垂直方向(XMD)的模量有差异。从图 7 - 10 中可以看出这一点,2mm 出片方向的模量大约是垂直方向上的 5 倍。如果加工时试样更薄,各向异性会更加明显。两个方向上的模量比甚至可达 10 倍以上。这种效果应用在传动带的带体胶料中特别合适,可以让浆粕沿带的宽度方向取向增加宽度方向的刚度而不牺牲长度方向的柔性。芳纶工程弹性体也能有效地提高未硫化胶的强度,使得混炼胶可以压延得更薄。从图7-11中可以看出3份浆粕可以提高强度3倍。

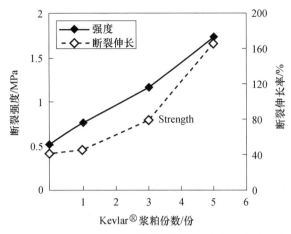

图7-11 EE 对三元乙丙胶料未硫化强度(出片方向)的影响

芳纶工程弹性体的一个显著的特点是在大幅提高模量的同时而不牺牲加工性能。胶料的黏度并不会显著升高。图7-12中比较了 EE 与其他几种常用的短纤维增强的氯丁胶传动带橡胶配方。EE 比其他的短纤维在提高模量上要高3~5倍。但添加了 EE 的配方黏度升高幅度比添加其他短纤维的升高幅度要小得多。一般来说,EE 增强的配方加工性能比同模量的炭黑或白炭黑增强的要好。

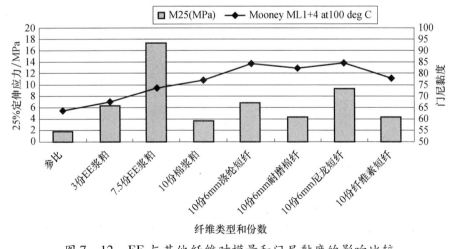

图7-12 EE 与其他纤维对模量和门尼黏度的影响比较

EE 的另外一大特性是在提高模量的同时材料的滞后性不受影响,甚至降低生热。换言之,EE 提高了模量但有降低生热的趋势。在氯丁胶动力传动带配方的研究中,EE 增强配方比用其他短纤维增强的配方的损耗正切要低得多。从图 7-13 中可看出,在用同样份数补强时,添加了 Kevlar® 浆粕的生热要低,但模量却高得多。

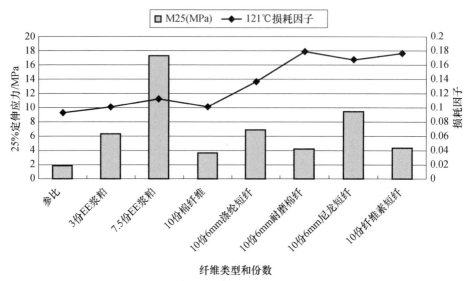

图 7-13　EE 与其他纤维对模量和正切损耗的影响比较

7.1.5　预处理

由于增强芳纶纤维和橡胶之间的模量和极性差异很大,需对芳纶纤维进行表面处理以提高与橡胶的黏合力。工业上获得纤维与橡胶之间牢固黏合力的传统方法是间苯二酚-甲醛-胶乳(RFL)浸渍法,胶乳主要为丁二烯-苯乙烯-吡啶无规共聚橡胶水乳液等。由于芳纶纤维表面化学惰性,芳纶纤维表面处理采用"二浴法",即预先活化处理或浸渍封闭的异氰酸酯及环氧涂层,再浸渍RFL,高温处理使间苯二酚-甲醛(RF)树脂固化,其中 RF 树脂上功能基团(酚羟基、羟甲基)能够与纤维表面预处理层的极性基团形成氢键或化学键结合,同时黏合橡胶层中硫化助剂扩散到 RF 树脂交联网状结构中与其中的橡胶胶乳大分子形成共交联,从而使得纤维与橡胶基体之间形成黏合过渡层,能够大幅度地提高纤维与橡胶基体之间的黏合强度。

芳纶纤维的预处理方法有以下两种:预活化处理和预浸渍处理。预活化处理是基于对位芳纶纤维的表面处理方法,通常在纤维表面进行上浆或化学改性。典型的处理工艺是环氧树脂等特种上浆剂的表面处理,经过表面处理后的芳纶则可以进行 RFL 浸胶。预活化处理工艺处理的纤维柔软,有较好的耐疲劳性能,性能尤以帝人公司的预活化处理工艺突出。

预浸渍处理是在浸胶 RFL 前的表面处理工艺,主要以芳纶织物、帆布等形式的表面处理方法。典型的方法为预浸渍封闭异氰酸酯和环氧树脂。预浸渍封闭异氰酸酯和环氧树脂法是由杜邦于 1967 年发明的 D417 配方,采用封闭异氰酸酯预处理帆布。典型的预浸胶液配方见表 7 – 3。

表 7 – 3　预浸渍封闭异氰酸酯和环氧树脂

水	876.4
哌嗪(脱水)	0.5
分散剂 2%	20
环氧树脂 GE100 100%	13.6
封闭异氰酸酯(EMS IL – 6)40%	90
合计	1000

采用异氰酸酯预浸胶,骨架材料会发硬,从而影响芳纶纤维的强度以及耐疲劳性能。一般可以在异氰酸酯浸胶液中,添加一定的 VP 胶乳,作为增韧材料,改善浸胶后材料发硬的程度。预浸渍处理后,骨架材料可以采用传统的 RFL 浸胶体系处理。对于耐高温的芳纶纤维复合材料,如高耐热、耐油的特种橡胶,浸胶树脂体系有其特殊的要求,不同橡胶所适合的浸胶黏合体系也不同。针对过氧化物硫化的 EPDM、HNBR 等特种橡胶,可采用溶剂涂刮相近的橡胶溶液,或者涂刷、浸渍溶剂型或水性的热硫化黏合剂,而处理硬芳纶线绳则直接浸渍 MDI 溶液进行预处理后再浸渍 RFL。

7.2　典型的对位芳纶橡胶产品

7.2.1　轮胎

轮胎是汽车、拖拉机和各种工程车辆的主要配件,它固定在汽车轮辋上形成整体,起支承车辆重量、传递车辆牵引力、转向力和制动力的作用,并使车辆行驶,吸收因路面不平产生的振动,并保护车辆及货物的安全和乘坐舒适。在橡胶工业中,轮胎的产量、耗胶量比其他橡胶制品所占的比重大,约占总耗胶量的 60% ~65%。汽车轮胎正由当前的子午化、扁平化、无内胎化向安全、绿色、智能化轮胎方向发展。

7.2.1.1　轮胎检测标准

国家标准轮胎检测项目主要包括:轮胎外缘尺寸测定方法(GB/T 521—

2003），轮辋轮廓检测（GB/T 9769—2005），汽车轮胎动平衡试验方法（GB/T 18505—2001），汽车轮胎均匀性试验方法（GB/T 18506—2001），汽车轮胎滚动阻力试验方法（GB/T 18861—2002），轮胎静负荷性能测定方法（GB/T 522—1984），轿车轮胎强度试验方法（GB/T 4503—2006）轿车无内胎轮胎脱圈阻力试验方法（GB/T 4504—1998），轿车轮胎耐久性试验方法（GB/T 4502—1998），轿车轮胎高速性能试验方法（GB/T 7034—1998）等。

7.2.1.2　轮胎制造工艺

汽车轮胎的制造工艺包括各种橡胶材料的混合工序、半部件加工工序（帘子布胎体、带束层、钢丝圈、胎面、气密层等）、胎坯成型（加工好的胎体、带束层、胎面、胎圈等各组件通过成型机组装成轮胎的形状）、硫化和检验包装。

7.2.1.3　轮胎典型产品

汽车工业是我国重点发展的支柱产业，轮胎是汽车必不可少的关键部件。芳纶因具有优良的综合性能，已用于各种轮胎中，如高性能绿色环保型和高速低断面型轿车子午胎的带束层、公共交通汽车轮胎的胎体、载重子午线轮胎胎体、航空轮胎胎体及带束层、汽车和摩托车赛车用轮胎、自行车轮胎、斜交载重胎和越野胎、工程机械轮胎、矿区和林业用胎等。在矿山工程轮胎中芳纶用于缓冲层，可使轮胎使用寿命提高25%，耐刺割性能可提高60%。采用芳纶替代钢丝，一条载重轮胎可减重9kg，一辆配置18条轮胎的载重汽车可减重162kg。采用芳纶制造的航空轮胎能很好地满足现代大飞机对轮胎高速度、高载荷、耐高温、耐屈挠和耐着陆高冲击性的要求。美国固特异、法国米其林等国际知名轮胎公司已制造出芳纶航空轮胎，起落次数提高20%以上（正常150~200次），已用于大型客机。

作为轮胎中产量最大的子午线乘用轮胎，其特点是高速，强调舒适性和轮胎的可操纵性。子午线轮胎结构如图7-14所示。

图7-14　子午线轮胎结构图

乘用轮胎在高速运行中,轮胎能够产生很大的热量,而且由于橡胶是热的不良导体,大量的热量集聚在轮胎内部不容易散去,从而导致骨架材料受热,影响骨架材料的物理性能。轮胎内部的生热分布如图 7 – 15 所示,轮胎的冠带层和带束层是轮胎热量最为集中的区域。这两个区域也是芳纶纤维在轮胎中应用的最常见区域。固特异公司采用芳纶纤维制备了 SUV 轮胎冠带层,称为"安静铠甲技术";米其林号采用了芳纶增强层束缚钢丝带束层,号称为全球速度最快的轮胎。

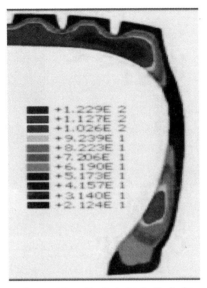

图 7 – 15　轮胎内部生热分布

1. 带束层增强材料

乘用轮胎普遍为半钢子午线轮胎,带束层采用钢丝。针对高速乘用轮胎,采用钢丝帘子线作为带束层。由于钢丝的密度大,比强度低,所用的钢丝重量大,轮胎高速转动时,胎面和钢丝带束层能够产生很大的离心力,在轮胎内部生热后,橡胶强度下降的情况下,其离心力足以造成带束层和胎体分离。芳纶帘子线由于断裂强度、伸长率、模量等均与钢丝相仿,但密度大约为钢丝绳的1/6,因此产生的离心力要小许多,而且耐压缩疲劳性能明显优于钢丝,同时具有非常优异的黏合性能和耐热性能,因而是替代钢丝作为带束增强层的理想材料。

2. 冠带层增强材料

轮胎高速运行中,带束层钢丝帘线所产生的离心力对轮胎的使用性能有很大的影响,常常能够造成冠盖层和带束层作为一个整体和胎体之间分离,如图 7 – 16所示。在轮胎带束层钢丝外侧常包覆 1 ~ 2 层的帘子布,称作冠带层,用于束缚钢丝。目前,国内一般使用高收缩的锦纶 66 帘子布,少量的场合也有使用 HMLS 帘子线或线绳。但国外生产的高性能高速轮胎,冠带层主要采用芳纶帘子布,特别是芳纶和锦纶混捻的帘子布作为冠带层增强材料,如图 7 - 17 所示。也有直接用一种特种织法(纱罗 LENO)的浸胶布条作为增强材料,其经纱采用芳纶或芳纶混捻纱线,宽度为 8 ~ 15cm,如图 7 - 18 所示。

图 7 - 16　冠盖层和带束层与胎体的分离

图 7 - 17　芳纶和锦纶混捻的帘子布

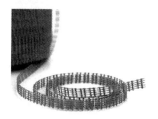

图 7 - 18　纱罗 LENO 浸胶布条

帝人公司的试验表明,在不同的压缩变形情况下,模量越高的纤维材料,其耐疲劳性能越差。通过加捻,可以改善耐疲劳性能,捻度系数越高(相对应的加捻程度越高),则纤维的耐疲劳性能越好。加捻的实质,其实主要是降低了纤维的初始模量,改善纤维的可压缩性能。作为冠带层增强材料,由于在轮胎的增强材料的最外层,轮胎接地处,轮胎会下沉,圆周变为平面,如果充气压力不足,下沉,接地压痕面积更大,则冠带层可能受到的压缩应力更大。锦纶纤维是否加捻,并不会影响耐疲劳性能,正是这个原因,目前轮胎上所用的冠带层增强材料主要使用锦纶 66,但由于锦纶 66 的模量过低,特别是受热后的模量下降,因而对带束层的束缚力会下降,从而造成轮胎出现冠盖层的分离。为了提高芳纶的耐疲劳性能,适度损失模量是可以接受的,因为芳纶在高温下的初始模量,并不会由于温度提高而大幅度下降,因此能够保证冠带层在高温下的模量,而适度降低在常温下的模量,可以极好地发挥冠带层的真正作用。

芳纶和尼龙 66 混捻是通过控制芳纶和锦纶在捻线过程中的长度差异,从而调节芳纶捻线后的断裂伸长和初始模量。其原理类似于将钢丝螺旋形地绕在橡皮筋上,从而使钢丝变成弹簧,适度地降低了初始模量。钢丝绕的圈数越多,比橡皮筋的长度越长,断裂伸长越大,模量越低,弹性就越好,耐疲劳性能越好。与锦纶混捻后,芳纶纤维的强度利用率可以保持在较高水平上,使产品具有更高的性价比。

土耳其 KordSa 公司的试验表明,不同的芳纶和锦纶的混捻工艺,其断裂伸长也不同,因而耐疲劳性能也不同,捻线工艺和性能参数如表7-4所列。

表7-4　捻线工艺和性能参数

芳纶/(dtex/股数)-尼龙/(dtex/股数)		捻度/(捻/m)芳纶/尼龙/复捻	断裂强度/N	定负荷伸长率(66N)/%	断裂伸长/%	热收缩/%	直径/mm
A	1100/2-2100/1	250/350/150	426.3	1.1	4.3	0.9	0.84
B	1100/2-1880/1	350/150/250	454.8	2.8	7.8	1.5	0.77
C	1100/1-1880/2	350/150/250	344.7	4.3	10.6	2.8	0.82
D	1100/1-940/2	450/450/450	266.5	6.6	13.4	2.5	0.65
E	1670/2-2100/1	250/350/150	605.7	1.0	4.6	0.9	0.97
B	1670/2-1880/1	350/150/250	633.6	2.8	8.9	1.6	0.88
C	1670/1-1880/2	350/150/250	456.1	4.8	13.7	2.7	0.93
D	1670/1-940/2	450/450/450	351.8	6.4	16.3	1.9	0.77

耐疲劳试验后的强度保持率与黏合强度保持率如图7-19所示,随着模量的降低,帘线的耐疲劳性能越好,而黏合力则与模量的相关度不大。

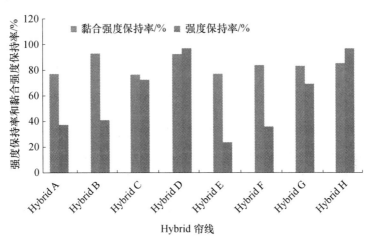

图7-19　耐疲劳试验后的强度保持率与黏合强度保持率

总体而言,混捻帘子线的模量越大、断裂伸长率越大,帘子线的耐疲劳性能越好。虽然芳纶捻线的捻度越高,强度越低,但耐疲劳性能越好,长期使用后,帘子线的强度反而更高。

另一种解决芳纶纤维疲劳的方法为采用纱罗结构冠带层制作条带,如图7-20所示:可使得芳纶帘子线和经纱方向实际形成一个夹角,起到类似于带束层与钢丝裁剪有一个小角度进行斜交的效果,使帘线具有更好的压缩变形能力,从而大幅度提高冠带层帘子布的耐疲劳性能。而高温下,芳纶特有的高模量、低伸长率、低蠕变性能,使其对带束层钢丝具有更好的束缚能力。如果单用锦纶纤维,则在长期的低张力下,特别是高温下,蠕变伸长很大,弹性模量下降到不足常温的 40%,无法良好地束缚带束层。因此,在高品质、高速轮胎上需要使用芳纶纤维。

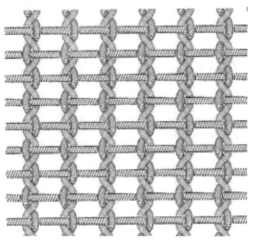

图 7 - 20　纱罗结构冠带层用条带

DUNLOP 公司生产的 SP Sport 8000 ULW 超轻量纤维轮胎,它比同类钢丝带束层轮胎要轻 30%;CONTINENTAL 公司采用芳纶帘子布生产的载重轮胎与全钢载重轮胎相比,重量减小了 20kg 左右,同时大大降低了轮胎的滚动阻力。采用芳纶试制出轿车轮胎,重量减轻约 10% ~ 15%,油耗降低 1% ~ 3%。然而,芳纶比强度是钢丝绳的 6 倍,价格是钢丝绳的 15 倍以上,因而限制了芳纶的进一步应用。

北京首创轮胎[7]对芳纶增强的轻卡子午线轮胎研究结果表明:采用 1670/1//1100 × 2 的芳纶和聚酯混捻帘线,芳纶帘线的强度为 514N,直径为 0.81mm,H 抽出力为 142N,密度为 71 根/10cm,2 层帘子布作为带束层增强,按钢丝带束层轮胎的相同工艺生产,可以使轮胎的重量降低 8%,如果胎体帘布改用芳纶/聚酯复合帘线,规格同上,可以使轮胎重量降低 12%。如果轮胎全部采用芳纶和聚酯复合帘线,其高速性能可以达到 220km/h,而带束层采用钢丝,胎体采用锦纶增强的普通轮胎,其高速性能仅能达到 180km/h。

7.2.2　输送带

输送带又叫运输带,是用于皮带输送带中起承载和运送物料作用的橡胶与纤维、金属等纤维骨架材料复合的制品,或者是塑料和织物复合的制品。皮带输送机在农业、工矿企业和交通运输业中广泛用于输送各种固体块状和粉料状物料或成件物品,输送带能连续化、高效率、大倾角运输,输送带操作安全,输送带使用简便,维修容易,运费低廉,并能缩短运输距离,降低工程造价,节省人力物力。

7.2.2.1　输送带检测标准

不同用途和功能的输送带有不同的国家标准,检测的主要性能包括覆盖胶的拉伸强度、硬度、耐磨性能(滚筒磨耗)、热氧老化性能、臭氧老化性能、阻燃性能(酒精喷灯、丙烷燃烧、滚筒摩擦试验)、橡胶与帆布/钢丝绳间的层间黏合性能、橡胶与钢丝绳的 H 抽出性能、钢丝绳芯输送带动态抽出性能、输送带整根强度、输送带抗撕裂强度和输送带表面电阻等。

7.2.2.2　橡胶输送带制造工艺

橡胶输送带的制造工艺包括各种橡胶材料的混合工序、半部件加工工序(覆盖胶和底胶的压出或挤出、帆布贴胶等)、带坯成型(上下覆盖胶和底胶与帆布或钢丝的贴合形成带坯)、平板硫化和检验包装。

接头黏结是芳纶输送带制造的核心技术,下面以直径直纬的典型接头方式为例,介绍输送带如何实现黏结,如图 7 − 21 所示,参照德国标准 DIN 22121《煤矿用织物芯输送带:单层或双层织物芯输送带的永久性连接接头尺寸、要求和标记》。

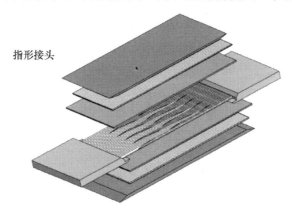

指形接头

图 7 − 21　DPP 芳纶输送带指形接头

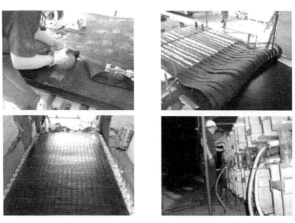

图 7 − 22　接头操作示意图

127

芳纶帆布的指形接法,要求帆布的裁剪和接头更加精确,才能保证接头的强度,主要技术参数的见表7-5。需要注意:两边的指形宽度至少为中间指形的一半。必要时就必须调整中间部分的指宽,保证边缘指宽符合要求。同时增强织物一侧超过接头200mm,另一侧超过100mm,也就是最少需要超过100mm。指形的指壁之间应该留有缝隙,根据输送带的强度,缝隙宽度为2~4mm,指壁应涂热硫化黏合剂,在指形的缝隙中填充贴胶;接头保护层一般采用纱罗结构的锦纶网布或者横铺的锦纶帘子布,保护层织物应该在两边反包20mm左右,从而保护输送带边部的指形。保护层和芳纶帆布层之间的贴胶厚度为3mm左右,强度等级较低时,厚度可以降为2mm左右。

表7-5 芳纶输送带指形接法主要技术参数

输送带型号a	指长 l_f/mm	指宽 b_1/mm	覆盖编织物长度 l_dc/mm	连接长度 l_Nc/mm	输送带型号a	指长 l_f/mm	指宽 b_1/mm	覆盖编织物长度 l_dc/mm	连接长度 l_Nc/mm
800/1	1000		1300	1500	1600/1				
1000/1	1200	60	1500	1700	1600/2	2000		2300	2500
1000/2					1600/2 Fb		70		
1250/1					2000/1	2400		2700	2900
1250/2	1500		1800	2000	2500/1	3000		3300	3500
1250/2 Fb					3150/1	3800		4100	4300

注:尺寸上的偏差要在特殊协商后方可允许,比如要截短指长:最小覆盖层厚度为2mm。

a 输送带类型的缩写符号包含输送带的以牛每毫米带宽算的最小致断力 kN,以及芯层数量。

c 在使用斜式连续构型时,覆盖编织物的长度和连续长度必须扩大2×0.3B

7.2.2.3 橡胶输送带典型产品

橡胶输送带(皮带运输机)是煤矿、钢铁、矿山、港口等国家重点产业物料现场输送的关键装备,有些应用于高温物料的输送,如钢铁厂的烧结球团、电厂的煤渣以及冶炼矿渣等;有些应用于运输各种酸、碱、油等带有腐蚀性的物料;有些应用需要耐尖锐的金属矿石切割,承受装运时的冲击;有些需要进行几十千米的远距离运输。这些大型输送带幅宽最大可达3.2m,长度数百米至10km,重量几吨至百吨,附加值高,更换困难,一旦输送带破坏造成停机,损失巨大。虽然使用场合不同,但输送带的总体发展趋势是长寿命、大承载能力和轻质节能。长寿命取决于覆盖层橡胶基体材料的耐磨性和骨架材料的强度和耐疲劳性;大承载能力取决于骨架材料的强度;轻量化取决于骨架材料重量和层数。

我国输送带产量世界第一,年产2.5亿~3.5亿 m^2,其中锦纶和涤纶帆布带约8000万 m^2,钢丝绳带约5000 m^2。目前输送带使用的骨架材料主要是尼龙帆布、聚酯/尼龙混编帆布及钢丝绳。如果使用芳纶纤维替代这些传统的纤维材料,在设计相同承载能力下,可以减少层数,显著降低输送带的整体厚度和重量,有利于提高输送带的使用寿命和降低输送过程中的能耗。例如:芳纶帆布替代锦纶和涤纶帆布制造耐高温输送带,具有更优异的强度和耐高温性能,适用于冶金、焦炭、水泥等高温作业行业;替代钢丝绳制造轻质长距离输送带,在保持相同强度情况下,质量减少30%～60%,降低电耗15%～20%,同时还能提高耐磨性和使用寿命,非常适用于矿山和港口。

芳纶纤维用于输送带[8]可以追溯到20世纪70年代。70年代末,挪威的Sydvaranger公司为提高其位于北极圈的铁矿的产能,试用了宽1.2m、3150型的Kevlar®纤维作为骨架材料的输送带,带体的强度和柔韧性不错,成槽角能增加到45°,接头耐久性也很好,6年内没有出现任何失效,没有出现撕裂和生锈。德国的Saabergwerke公司在其煤矿有近260km的高强钢丝带,强度等级从2500～4500N/mm不等,运行数年后其中一条主带由于钢丝生锈和带子边部磨损,不得不进行替换。1977年该公司试用了一条长2.7km的Kevlar®整芯带,运行良好,没有生锈问题,阻燃性优异,保养和维护成本降低,并降低了输送能耗。德国另外一家煤矿Ruhrkohle公司在使用钢丝带时遇到两大问题:一是耐撕裂性差;二是易生锈。该公司试用了Kevlar®纤维为骨架材料的输送带,使用7年后接头良好,没有生锈,没有撕裂,能耗比用钢丝带低。荷兰的EMO港口在总长22km的输送带中试用了15km的Kevlar®纤维骨架的输送带,解决了生锈,纵向撕裂的问题,带体表面磨损降低了1/4～1/3倍,运行成本降低。到20世纪80年代中期,Kevlar®纤维增强的输送带已经在13个国家得到应用。

对比芳纶输送带和钢丝绳输送带,芳纶输送带具有下述优点:

(1)骨架材料的自重减轻,减少能耗;

(2)带体更加柔软,可适应更小的带轮直径,更容易成槽;

(3)不容易被腐蚀,减少维护工作量;

(4)带体更薄,同样直径的带卷,长度更长,因而可以减少接头数量;

(5)有更好的防切割性能,使用更加安全;

(6)即使骨架材料层与滚筒之间直接摩擦,也不会产生火花,适应井下的使用环境。

目前,芳纶输送带主要包括高强输送带、耐高温输送带、节能输送带等。

1. 远距离重型输送带

钢丝绳芯输送带强度高,幅宽1.0～3.2m,承载力2500N/mm以上,广泛用于煤矿、矿山、港口等场所的长距离、5m/s以上的高速度运输,输送距离可达15km以上,输送量大,输送效率高。而聚酯纤维帆布芯输送带的最高强度为2000N/mm左右,一般运输距离在1.5km以下,速度3.5m/s以下。

目前采用钢丝绳芯输送带存在的主要问题:国产钢丝绳芯输送带最高强度

一般低于4000N/mm,总重量是同等级帆布输送带的2.5倍以上,使用寿命约8年,国外同类产品15年以上。以ST3150钢丝带为例,假设输送距离为8km,带宽为1600mm,则输送带的总重量约为1400t,滚动阻力大,造成输送能耗高,需要大功率电机驱动。若采用芳纶输送带,则可以降低重量40%左右,减少总重量500t以上。

日本普利司通公司和横滨公司已实现芳纶骨架大型输送带的工业化生产。德国AG公司的煤矿50%以上的输送带骨架材料已采用芳纶织物。芳纶骨架材料增强的输送带可以采用直径较小的传动轮,节省了空间和资金,而且解决了钢丝绳带存在的两个弊端:一是抵抗长度方向抗撕裂性低;二是易受腐蚀。世界最大港口EMO使用长度15~25km的芳纶输送带代替钢丝绳输送带,每天输送量高达10万t。我国台湾大王胶带公司使用芳纶骨架材料制造的重型输送带,最长的工作寿命达3年以上。长15km的芳纶输送带投入运行带来了诸多好处,如抗损坏性更好,更容易修理,不存在腐蚀问题,工作寿命显著提高,在同样的堆取料机输送带上,芳纶输送带表面磨损只相当于钢丝绳输送带的1/3。据资料介绍,一条长度10km以上的输送带一年的能耗成本至少需要500万欧元。为此,德国凤凰公司开发了轻型高强度节能输送带,可降低能耗15%,为提高长距离输送线的经济性具有决定性贡献。可以看出,与传统钢丝输送带相比,芳纶输送带重量减轻40%(能耗降低15%以上),表面磨损降低2/3,使用寿命显著提高,不存在化学腐蚀。

我国大型输送带仍以钢丝、聚酯、尼龙为增强层,使用寿命和承载能力不到国外同类产品的50%,正在研制芳纶纤维大型输送带。如无锡宝通科技采用芳纶/涤纶混编帆布(经向为芳纶,纬向为聚酯)制造了高强度输送带,解决了芳纶帆布与橡胶的黏合问题。

芳纶纤维的强度略高于钢丝绳,芳纶纤维的密度为1.44g/cm^3,钢丝绳的密度为7.8g/cm^3,用芳纶纤维替代钢丝绳,达到同样的强度,芳纶骨架材料的重量仅仅为钢丝绳的1/6左右,芳纶的模量则基本和钢丝绳相近。显然,采用同等重量的骨架材料,钢丝绳的强度几乎是最低的,只有聚酯和锦纶的1/3,是芳纶的1/6。但需要注意的是,钢丝和芳纶具有无与伦比的高模量特性。而远距离输送带对模量的要求往往高于对强度的要求。

对于远距离重载的输送带来说,在空载运行和满载运行时,骨架材料的受力不同,其对应的伸长量也不同,意味张紧量也不同。钢丝和芳纶的模量较高,受力大小的变化,相对应的伸长变化较小,张紧行程就小;而聚酯和锦纶纤维,在空载时,伸长并不大,但一旦满载后,输送带负荷增加,由此会使骨架材料的伸长大幅度增加,对于远距离输送带而言,这些伸长量就意味输送带的张紧行程增加,造成输送带张紧装置变得十分庞大,显然对于远距离输送带而言,张紧伸长量也是一个需要考虑的关键因素。

聚酯帆布断裂伸长率一般在 25% 左右,如果按 5 倍的安全系数计算,额定工作负荷下的伸长量在 5% 左右,如果按空载和满载伸长差异 4% 计算,长度 3000m 的输送带,可能需要的张紧伸长 120m,锦纶帆布的模量更低,伸长量更大。即使按 10 倍的安全系数计算,聚酯伸长量在 2.5%,按空载和满载伸长差异 2% 计算,可能需要的张紧伸长 60m,而芳纶输送带的断裂伸长率仅为 5%,按 5 倍的安全系数计算,伸长量仅在 1% 左右,按空载和满载伸长差异 0.8% 计算,最大张紧伸长量不超过 24m。因此芳纶纤维具有良好的应用前景。

骨架材料额定工作负荷区域的模量大小,对远距离输送带而言是重要的考量因素,低模量材料就必须提高安全系数,用更高的强度来获得工作负荷下的低伸长。理论上低模量、高伸长的骨架材料具有更大的断裂功和韧性,可以很好地抵御外力的冲击,具有更好的安全性能,从而降低设计安全系数,但实际上,设计安全系数更高,原因可能更多是从张紧量上考虑。从这个方面来说,芳纶输送带的实际设计安全系数可以降低到 5 倍左右。不同种类骨架材料的输送带张紧行程如图 7 - 23 所示。

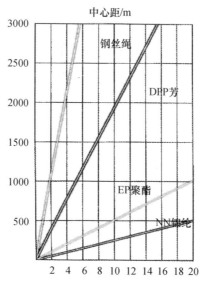

图 7 - 23　不同种类骨架材料的输送带张紧行程

采用芳纶直经直纬结构(DPP)输送带,3000m 输送距离所需要的张紧行程约为 16m,而采用 EP(聚酯/锦纶帆布)输送带,1000m 的输送距离,张紧量需要 20m,3000m 的输送距离,张紧量需要 60m 的张紧总量。NN 锦纶帆布 500m 的输送距离,张紧量需要 20m,3000m 的输送距离,张紧量需要 120m。因此,芳纶输送带所需要的张紧量仅仅为聚酯输送带 1/4,为锦纶输送带 1/8。

　　如果聚酯输送带要满足更远距离的输送的要求,只有进一步提高强度,也就是提高安全系数,从而在同样负荷下获得更低的伸长,减少张紧量。或者改变织物结构,采用单层的 EPP 直经直纬结构,但这些意味生产成本的提高。目前为了减少输送带的张紧行程,聚酯叠层输送带的安全系数普遍选定为 10~12 倍,如果采用芳纶输送带,则安全系数可以降低到 5~7 倍。也就是,芳纶帆布的强度为聚酯的 3 倍,考虑芳纶减少安全系数的因素,芳纶输送带和聚酯输送带的重量强度比为 1:6,接近于芳纶帆布和聚酯帆布的价格差异。输送带用不同骨架材料的张紧行程和最大最小张力差异如图 7-24 所示。芳纶输送带所需的张紧行程略大于钢丝绳,远远小于聚酯和锦纶。

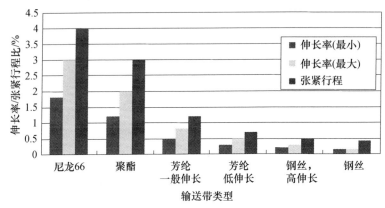

图 7-24　不同骨架材料的张紧行程和最大最小张力差异

　　根据帝人公司介绍[9],在保加利亚 Maritsa Istok-2 项目中应用 TWARON 芳纶纤维生产的芳纶输送带和钢丝绳输送带的重量对比见表 7-6,在相同强力等级下,DPP 芳纶输送带的带体重量可降低 40% 左右。

表 7-6　芳纶输送带和钢丝绳输送带的重量对比

输送带	钢丝绳输送带	芳纶输送带
带宽/mm	1200	1050
强力等级/(St)	St1400	St900
覆盖胶厚度/mm	6+4	6+4
橡胶	80% NR/20% SBR	80% NR/20% SBR
带体重量/kg	31.7	22.6
强力等级/St	DPP1400	DPP900
覆盖胶厚度/mm	6+4	6+4
橡胶	80% NR/20% SBR	80% NR/20% SBR
带体重量/kg	18.8	15.9

从表7-7可见,由于带体重量减轻,芳纶输送带能耗可大幅度降低,其中满载能耗降低15%左右。空载能耗可下降40%左右,以KW-01为例,空载与满载均可减少200kW的能耗。

表7-7　带体重量和能耗关系

输送带类型	KW-01	KW-02	KW-03	KW-05
输送能力[MTPH]	2.200	2.200	1.800	1.800
安装的驱动功率/kW	1.890	945	945	945
速度/(m/s)	5.75	5.75	5.75	5.75
带宽/mm	1.200	1.200	1.050	1.050
覆盖胶厚度/mm	6+4	6+4	6+4	6+4
橡胶	80%NR/20%SBR	80%NR/20%SBR	80%NR/20%SBR	80%NR/20%SBR
长度/m	5.280	2.700	3.720	3.304
高度变化/m	26.5	3.3	-13.4	-5.05
等级(Steel)	St1400	St1400	St900	St900
带体单位质量/kg	31.7	31.7	22.6	22.6
空载能耗/kW	505.2	194.8	241.1	295.5
满载能耗/kW	1497.8	508.6	464.8	690.6
等级(aramid)	DDP1400	DDP1400	DDP900	DDP900
单位质量/kg	18.8	18.8	15.9	15.9
空载能耗/kW	294.7(-/-41.7%)	113.6(-/-41.7%)	164.3(-/-31.9%)	201.4(-/-31.9%)
满载能耗/kW	1266.0(-/-15.5%)	423.6(-/-16.9%)	397.1(-/-14.6%)	599.8(-/-13.2%)

2. 节能芳纶输送带

在采矿设备等重工业领域同样如此,如何使驱动输送带的能耗降低就是其中的课题之一,在带式输送系统中,影响能耗的因素众多。根据文献介绍:在长距离输送带系统中,输送带的压陷滚动阻力占总能耗的60%～70%,是至关重要的因素之一。有关这方面的各种研究表明,改变输送带的压陷滚动阻力可显著影响带式输送系统的能耗水平。节能输送带除了骨架材料应用芳纶帆布,通过减轻输送带自身重量降低能耗以外,采用芳纶浆粕或短纤维,改善输送带下覆盖胶的性能,降低下覆盖胶的压陷阻力是关键。

3. 耐高温输送带

耐高温输送带(幅宽最大2.6m,长度数百米)广泛应用于冶金、铸造、烧结、焦化、建材等行业较为恶劣的高温作业环境,主要以输送烧结矿石、焦炭和水泥等生产过程中产生的高温固体物料,由于烧结物料冷却不充分,物料表面温度可达400～600℃,个别达800℃以上,对输送带的耐高温性能要求非常高。目前生产耐高温输送带覆盖层采用的橡胶基体为丁苯橡胶或三元乙丙橡胶,在如此高的物料温度下长时间停留,可能导致热量通过覆盖层橡胶传递到骨架材料,造成骨架材料的降解,导致大面积带体鼓泡、起层,大大缩短使用寿命(1~6个月),使用寿命仅为国外同类产品的一半,带子更换频率高(需停机8h以上),严重影响生产效率和产品质量。据国外专利报道,通过采用新型耐高温纤维及耐高温抗烧蚀覆盖层橡胶材料,研制出使用寿命1年以上的耐高温输送带。

虽然玻璃纤维、钢丝等耐热性较好,但玻璃纤维耐疲劳性能太差,而钢丝导热过快,容易导致热量向输送带芯部传递。由于芳纶不会熔融,分解温度高于500℃,芳纶是在耐高温输送带上应用的最佳骨架材料。而聚酯与锦纶66纤维的熔点仅为260℃,如果在输送过程中,由于紧急原因,输送机停车,那么高温物料的热量就能够传递到带芯中间,甚至超过260℃,导致熔融,或者降解。

输送带只有中间部分运输物料,会受到热量的影响,而两侧不会受到影响。聚酯和锦纶是一种受热会收缩的材料,收缩后会造成输送带的中间长度缩短,从而造成两边长,中间短,不能成槽运输物料,而芳纶受热不会收缩,因此是一种更好的耐高温骨架材料。

考量材料的耐热性能分两个方面:一个是受热后,对纤维的永久性损伤,也就是强度的下降,芳纶具有很好的化学稳定性;另一个是在受热状态下,力学性能的保持率,显然聚酯、锦纶为热塑性材料,高温下力学性能保持率低,而芳纶是热固性纤维,有着良好的力学性能保持率。

芳纶作为耐热性能最好的骨架材料,但在输送带的实际应用上,遇到纤维的耐疲劳性能。如果使用直经直纬结构,那么指形接头的强度依靠橡胶的强度,橡胶的耐老化性能就非常重要,一旦橡胶老化,接头强度会大幅度下降,所以指形单层接法的输送带并不适合耐热输送带上的应用。

7.2.2.4 传动带典型产品

芳纶线绳替代传统的聚酯、尼龙,具有强度/模量高和耐高温的性能优势,耐温可达到150℃以上的使用,而且生热量小,同步性好,用于生产制造高强度的动力传动带具有很大的性能优势。传动带常用的骨架材料见表7-8。芳纶具有很好的耐高温性能、高模量、高强度,以及很好的耐化学性能,决定芳纶的应用前景。如果价格性能比合适,芳纶将来能够替代其他纤维,成为传动带的主要骨架材料。

表7-8 传动带对纤维的要求

传动带 纤维		平带		V带		多楔带		同步带		
		绳芯	片基	包布	切边	普通	弹性	工业	汽车	PU
PET	普通	+ +		+ + +	+	+				+ +
	HMLS	+			+	+ +	+ + +			+

（续）

纤维 \ 传动带		平带		V 带		多楔带		同步带		
		绳芯	片基	包布	切边	普通	弹性	工业	汽车	PU
GLASS	E	*						+ + +	+ + +	+ +
	K	+						+ * *	+ * * *	*
	U							+ * *	+ * * *	* *
ARAMID		+ + + *	+ * *	+ + + + *	+ *	+ * *		+ + + *	+ *	+ + + *
NYLON	6		+ + +							
	66		+ * *				+ + +			
	46		* *				* *			
STEEL										+ + +
PEN			* *	* * *	* *	+ + + +				*
PBO			*	+ *	+ * *	+ * *		*	*	*
CARBON			*					* *	* *	
HYHRID			*					* *	* *	*
其他		+ *	+ *	+ *	+ *	+ *	+ *	+ + *	+ *	+ *

注：＋目前少量或特殊使用；＋＋目前一般使用；＋＋＋目前大量使用；
＊未来可能少量或特殊使用；＊＊未来可能一般使用；＊＊＊未来可能大量使用。

　　传动带一般采用芳纶线绳，其作用与轮胎帘子线的作用相仿。传动带处于长时间的高速往复运动中，同样承受周期性的受力变化，在传动带的"紧边"一侧，传动带需要承受很大的张力来传递动力，在"松边"一侧，传动带仅仅承受较小的张紧力。动态加载的条件测试材料的储能模量和损耗模量可以计算得到正切损耗 $\tan\delta$（或称损耗因子），如果其动态滞后性能差，也就是损耗因子 $\tan\delta$ 高，由此就会造成传动的不同步，产生转差率，也会造成传动带的内部生热。如前所述，芳纶在子午线轮胎胎体增强的应用中，介绍了聚酯、尼龙 6、尼龙 66 和对位芳纶帘线的损耗因子和温度的关系，认为对位芳纶在这几种纤维中损耗因子最低，比尼龙和聚酯纤维低 7～20 倍。与几种常用骨架材料相比，芳纶纤维不但在高温下能很好地保持性能，而且其滞后损失低，在同样的使用条件下温升低，确实是非常理想的传动带用骨架材料。

　　芳纶浸胶绳在传动带中最经济的用法是单根线绳缠绕法。与聚酯线绳的种类一样，芳纶线绳既有用于普通 V 带的软绳，也有用于切边带的硬绳。根据需要可以组合不同股数的纱线得到一系列直径和强度的线绳在进行浸胶处理。值得注意的是，由于芳纶高模量与低伸张的特性，线绳缠绕过程中的张力控制比聚酯线绳的缠绕要求更高，张力控制必须相当均匀，否则可能造成线绳松紧不一，从而造成承载不均匀，不能达到理想的强度。

传动带的胶料基本上可分为三个部分,分别为压缩层,伸张层和缓冲层(或称黏合层)。在传动过程中,带体受带轮的侧向压力,如果带体刚度不够,则可能产生如图 7 - 25 所示的横向变形。这种横向变形不但影响传动效率,而且会使增强线绳处于不均匀受力状态,导致传动带的寿命大大缩短。因此带体必须要有足够的刚度来抵抗这种变形。如果通过增加炭黑用量的方法来提高刚度,则胶料的加工性能会下降,同时胶料的动态生热会增加,不利于传动带长期在动态环境下使用,因此使用短纤维增强成为一种相当重要的手段。Van der Pol 在研究中发现,可以用比普通短纤维更少的芳纶短纤维而达到同样的提高模量的效果,能达到降低传动带的噪声、减少生热、提高传动能力的效果。因此,芳纶短纤维特别适合用于压缩层中,大大提高胶料的低定伸模量,短纤维需沿宽度方向取向,这样可以提高带体的横向抗压缩变形能力,同时不会过多地影响传动带的曲挠性能,如图 7 - 26 所示。

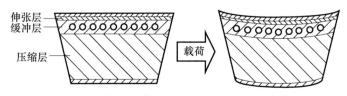

图 7 - 25　带体受带轮的侧向压力产生横向变形

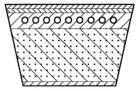

图 7 - 26　用短纤维补强传动带压缩层
(短纤维沿胶带宽度方向取向)

而动力传动带需要的橡胶具有很好的耐磨性能,而芳纶不会因带体与带轮摩擦生热导致熔融,则决定了芳纶短纤维在传动带橡胶中的应用,从而通过改善橡胶性能来提升传动带的使用寿命。

7.2.3　胶管

7.2.3.1　胶管检测标准

不同用途和功能的胶管有不同的国家标准,主要包括 HG/T 2491—2009 汽车用输水橡胶软管和纯胶管、GB/T 18948—2009 内燃机冷却系统用橡胶软管和纯胶管、GB/T 24140—2009 内燃机空气和真空系统用橡胶软管和纯胶管、GB/T 24141.1—2009 内燃机燃油管路用橡胶软管和纯胶管规范第 1 部分:柴油燃料

（ISO 19013—1）等。

7.2.3.2　胶管制备工艺

胶管生产的基本工序为混炼胶加工、帘布（见帘子线）及帆布加工、胶管成型、硫化等。不同结构及不同骨架的胶管,其骨架层的加工方法及胶管成型设备各异。全胶胶管因不含骨架层,只需使用压出机压出胶管即可;夹布胶管需要使用将胶布包在内胶层上的成型机;吸引胶管在成型时需先缠金属螺旋线后包内胶;编织及缠绕胶管需要使用专用的织物编织机或缠绕机;针织胶管需要使用针织机等[10]。

7.2.3.3　胶管典型产品

橡胶胶管是橡胶制品的另一个重要应用领域,芳纶纤维则主要应用于纤维增强胶管,其中最为重要的行业就是汽车胶管,包括燃油管、散热器冷却水管、加热器管、空调管、动力转向管、涡轮增压管、刹车管、变速箱油冷却管等[11]。

采用芳纶纤维生产汽车胶管的优点在于:

（1）芳纶具有足够高的强度,特别是足够高的模量,从而满足胶管产品所要求的耐压性能。

（2）低伸长,可以减小胶管受力后的径向膨胀量;

（3）高温稳定性好,可以满足发动机室内的特有高温;

（4）与橡胶的黏合力好,提高胶管的抗脉冲性能。

冷却循环水管:早期采用硫磺硫化的 EPDM 橡胶,采用聚酯增强,目前已经普遍改用过氧化物硫化的 EPDM,采用芳纶增强（Twaron）,结构为针织或缠绕形式。

燃油管:油箱加油管,装配在汽车油箱上,使用温度低,承受一定的加有压力,要求低渗油,骨架材料需要耐油腐蚀,采用 FKM + ECO + 芳纶针织或编织 + ECO 或 FKM + NBR + 芳纶针织或编织 + CSM 多层结构。电喷胶管,装配于发动机室,用于向发动机注入燃料,胶管使用环境温度高,工作压力大,要求极低的燃油渗透率,采用 FKM + ECO + 芳纶编织 + ECO 结构。

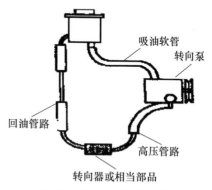

吸油软管

转向泵

回油管路

高压管路

转向器或相当部品

图 7 - 27　助力转向管

助力转向胶管。吸油管:连接在转向液油壶到转向泵之间,起供油作用,工作压力较低,一般在 0.1MPa 左右,但其装配位置靠近发动机,相对使用温度较高,采用 CSM + 芳纶编织 + CSM 结构;回油管连接在转向器与转向液壶之间,工作压力在 1 ~ 1.5MPa,采用 CSM + 芳纶编织 + CSM 或 AEM/ACM + 芳纶编织 +

AEM/ACM 结构;高压管连接在动力转向泵与转向器之间,工作压力非常高,最高时达到 18MPa,因此采用多层纤维编织或中间夹纤维布的结构形式。

　　涡轮增压器(图 7-28)用 CAC 硅胶管。涡轮增压是利用发动机排出的废气惯性冲力来推动涡轮室内的涡轮,涡轮又带动同轴的叶轮,叶轮压送由空气滤清器管道送来的空气,使之增压进入汽缸,进入发动机的空气的压力和密度增大使燃料燃烧更充分,从而提高发动机的输出功率。由于涡轮增压管中通过的是发动机排出的燃烧废气,因此工作温度非常高,且有一定的工作压力,主要采用耐高温的硅橡胶(VMQ)或氟硅胶(FVMQ)与 Kevlar 或 Nomex 芳纶纤维织成的帘布经过压延擦胶后,再经过缠绕包布硫化的工艺制成多层芳纶布增强胶管。

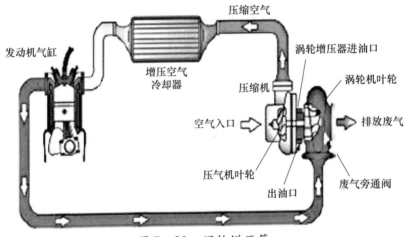

图 7-28　涡轮增压管

　　刹车胶管:制动胶管需要承受高压,与液压胶管类似,胶管受压力作用后的体积不能膨胀,保证刹车片上的制动力不会衰减,起到良好的制动效果。因而高模量是制动胶管首要考量的指标。有些制动液属于高腐蚀性物质,比如常用的DOT4 制动液,帝人公司分析了不同纤维在温度为 20℃和 120℃浸泡后的强度损失情况。在 20℃,聚酯、锦纶、芳纶和粘胶浸在上述两种材料中经过一年也无影响,但在 120℃黏胶和芳纶对 DOT4 制动油的稳定性最好,适合作制动油管,锦纶 6 和锦纶 66 表现良好,但聚酯降解速度太快,不适合作制动油管。芳纶的高模量和耐化学性能,是用于各种特种胶管的理想材料。

7.3　小结

　　传统的钢丝、尼龙、聚酯纤维已经很难满足高附加值产品的日益增长和更加苛刻的使用性能要求(如轻量化、高强力、耐高温、耐烧蚀、长寿命等),设计和制备芳纶等高性能纤维增强橡胶复合材料既是解决这些产品性能显著提升问题的关键,又是解决高性能纤维应用窄、应用量小问题的关键。

参 考 文 献

[1] 张玉友. 芳纶橡胶骨架材料的性能与应用[J]. 橡胶科技市场,2007,15:5-8.

[2] ACRODIS 技术资料. The reinforcement material for MGR[R].

[3] 高称意. 国外橡胶行业应用芳纶的现状[J]. 橡胶工业 2002,49(11):691-697.

[4] 帝人公司技术介绍. Twaron And Sulfron A Strong Energy Saving Solution[R].

[5] 帝人公司技术介绍. Sulfron 在输送带中的应用[R]. 2010.

[6] 杜邦公司. 杜邦 Kevlar® 工程弹性体增强材料. [2015-07-09]. http://www. dupont. cn/products-and-services/fabrics-fibers-nonwovens/fibers/brands/kevlar/products/kevlar-engineered-elastomer. html.

[7] 左乐平. 芳纶/聚酯符合帘线在6. 50R16 子午线轮胎中的应用[J]. 2009,7(9):13-15.

[8] 帝人公司技术介绍. Twaron 芳纶增强输送带在 MARITSA ISTOK 2#电厂中的应用[R].

[9] Lodewijks. G. The Next Generation Low Loss Conveyor Bel. Bolk Solids Handling No. 1. 2012.

[10] 谢忠麟. 汽车用胶管的技术进展[J]. 橡胶工业,2007,54(2):114-123.

[11] 刘希华. 胶带用芳纶骨架材料的推广和应用[J]. 橡胶科技市场,2006,(17):14-18.

第 8 章

对位芳香族聚酰胺纤维在
其他领域的应用

8.1　光缆及电缆

8.1.1　光缆

在目前光缆市场,建立和扩展高速连接能力是提升全球竞争力的关键。随着更多数据的长距离传输,组建网络所需的光缆数量日益增多,且小直径光缆正快速成为首选;随着 IP 流量的增长,对高速传输的需求也在继续扩大。此外,光缆作为核心和边缘连接的主要工具,需要得到更有效的保护。

目前光缆的结构多种多样,但本质上都是为了保证光纤的光学信息传输,所以光缆的结构基本由光纤、加强件和护套材料三部分组成,如图 8-1~图 8-4 为对位芳香族聚酰胺纤维增强光缆及单芯跳线缆、多芯室内光缆和中心管式光缆截面图。光缆的核心部件为光纤,光纤由高纯度玻璃构成,在实际应用也很容易碰断,为保护光纤在通信应用中不容易被外力所破坏,需要给光纤配备具有高强度、抗拉伸、低烟阻燃、耐高温、易加工等特点的加强件进行保护。

图 8-1　对位芳香族聚酰胺纤维增强光缆实物

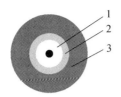

图 8-2　单芯跳线缆截面图

1—紧套光纤;2—芳纶加强件;3—PVC 护套。

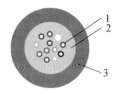

图 8-3　多芯室内光缆截面图

1—紧急护套;2—芳纶加强件;3—PVC 护套。

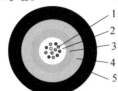

图 8-4　中心管式光缆截面图

1—光纤;2—套管填充物;3—松套管;
4—芳纶加强件;5—聚乙烯护套。

加强件的种类比较多,其中非金属加强件为主流材料,主要包括对位芳香族聚酰胺纤维、玻璃纤维、聚酯、高强度聚乙烯纤维等。对位芳香族聚酰胺纤维具有密度小、拉伸模量非常高、断裂强度较高和断裂延伸率较低等特殊性能;在较高的温度下,具有良好的热稳定性、非常低的收缩率、较低的蠕变以及非常高的玻璃化转变温度;除某些强酸、强碱或氧化剂之外,具有较强的抗化学性能,且对位芳香族聚酰胺纤维极限氧指数为 29%,具有固有的难燃性,燃烧时产生与木材燃烧类似的氧化气体,大部分为二氧化碳、水以及氮的氧化物。另外,对位芳香族聚酰胺纤维因其负热膨胀系数($-4.9 \times 10^{-6}/\text{℃}$),玻璃化转变温度为 345℃,可提高光缆的耐温性;用对位芳香族聚酰胺纤维加固还可增强光缆的抗放电、抗雷击、抗冰荷载、抗暴风雪和抗震能力。总而言之,这些不同特性使对位芳香族聚酰胺纤维成为钢纤维和玻璃纤维的理想替代品,是优越的光缆加强单元材料。

作为光缆增强材料,对位芳香族聚酰胺纤维的主要功能是提高光缆的刚性和尺寸稳定性,避免脆弱的光学玻璃纤维机械应力损伤,确保最佳数据传输性能。目前,对位芳香族聚酰胺纤维加强材料主要用于生产全介质自承式光缆、室内光缆、开缆绳、防弹线缆等多种规格光缆。

(1)全介质自承式光缆(ADSS):用对位芳香族聚酰胺纤维制成的架空光缆具有高弹性模量和较小的光缆尺寸,并可防电磁干扰、防水、抗温度波动,在所有气候条件下均可稳定地传输数据。

(2)室内光缆:对位芳香族聚酰胺纤维可在光纤周围均匀裹覆,使光缆生产更加有效,使外径更加统一,且产品易于连接。

(3)光纤到户(FTTH):对位芳香族聚酰胺纤维优异的阻燃性为办公及家用

室内光缆提供保护,并在日益紧密相连的世界中发挥重要作用。

(4)开缆绳:将对位芳香族聚酰胺纤维制成的开缆绳埋入光缆护套的外层,可帮助技术人员方便地接触到光纤,无需使用可能会损坏玻璃芯线的剥线工具。对位芳香族聚酰胺纤维开缆绳具有极好的抗拉强度,本身非常细,能干净、利落地剥开聚乙烯、PVC 等护套。

(5)防弹线缆:用对位芳香族聚酰胺纤维制成的防弹带,以保护架空光缆免于枪击危险。用防弹带线缆径向包绕或螺旋包绕,能阻止绝大部分的弹片和弹丸伤及线缆,保护线缆的完整性。

8.1.2 电缆

1. 海底电缆

随着对江河、湖、海的开发和利用,水下电缆用量越来越多,有些电缆不仅要传输电信号,而且要承担一定载荷。过去承力电缆多采用钢丝电缆,近年来随着芳纶材料的不断发展,逐渐用芳纶代替钢丝制造电缆。芳纶电缆与钢丝电缆比较,在同样承载能力下具有质量轻、体积小,柔软易卷绕等特点。利用芳纶纤维增强的海底电缆,不仅能满足引导缆数据传输的所有要求,而且产品柔韧,重量适中,耐环境性能非常强,具有良好的耐寒性、阻燃性、耐油性、耐磨性、防火防水、不宜老化、使用寿命时间长等特点。

高强复合型海底电缆也可根据需要增加光纤单元,通常将光纤单元同控制、信号电缆一起成缆,挤制护套,然后与电力电缆单元一起总成缆,总成缆有内护和外护套,内外护套之间是双层反向编织的芳纶加强层。图8-5为双芯芳纶电缆结构,主要由导线、绝缘体、屏蔽层、导线保护层、芳纶层和电缆保护层组成,其中芳纶是用多股对位芳香族聚酰胺纤维编织成的,是电缆的承力件。但由于对位芳香族聚酰胺纤维的抗剪切强度较低,如何将其固结在电缆连接器上,而不损伤或降低对位芳香族聚酰胺纤维的强度,是芳纶增强海底电缆应用的关键技术之一[1]。

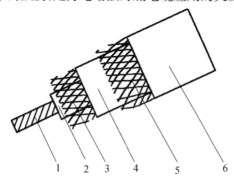

图8-5 双芯芳纶电缆结构

1—导体;2—绝缘体;3—屏蔽层;4—导线保护层;5—芳纶层;6—电缆保护层。

2. 拖链电缆

在电缆搬运及安装过程中,为了防止电缆纠缠、磨损、拉脱及散乱,常把电缆放入电缆拖链中,对电缆形成保护,并且电缆还能随拖链实现来回移动。这种可以跟随拖链进行来回移动而不易磨损的高柔性专用电缆称为拖链电缆。如图 8-6 所示,拖链电缆主要由导体、绝缘件、抗拉芯、内/外护套组成,其中抗拉芯由对位芳香族聚酰胺纤维绞合而成,因对位芳香族聚酰胺纤维具有较高的比强度,能够保证拖链电缆适应野外环境不间断工作;纤维玻璃化转变温度为345℃,且在 -46℃ 下纤维拉伸性能不会发生明显变化,在 -196℃ 下纤维不会发生脆化和降解,能够满足拖链电缆 -50 ~ +85℃ 的耐低高温使用要求[2]。对位芳香族聚酰胺纤维增强拖链电缆生产流程如图 8-7 所示。

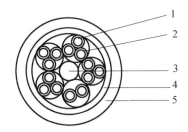

图 8-6　拖链电缆结构示意图

1—导体;2—绝缘件;3—抗拉芯;4—内护套;5—外护套。

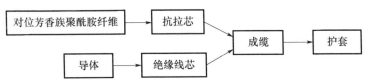

图 8-7　对位芳香族聚酰胺纤维增强拖链电缆生产流程

3. 电力电缆

架空输电导线作为输送电力的载体,在输电线路中占有极为重要的地位。长期以来,架空导线主要使用钢芯铝绞线,但其耐热性能、抗腐蚀性能相对较弱,线路的输电量受到一定限制。在面对能源紧张和生态环境保护等多重挑战的背景下,为了更安全可靠地多送电力,各国都在全力研发新型架空输电线路用电缆,以取代传统架空电缆。

用对位芳香族聚酰胺纤维等复合材料代替传统绞线中的钢芯制成的新型复合材料芯导线是一种全新概念的架空输电线路用导线(图 8-8),由对位芳香族聚酰胺纤维复合芯、铝导体和测控光纤三部分组成,其中对位芳香族聚酰胺纤维复合芯由对位芳香族聚酰胺纤维和黏合树脂组成。该导线具有抗拉强度较高、单位长度重量较轻的特点,使得应用该种导线的线路能够降低杆塔间的导线垂弧度,可提高线路运行的安全性和可靠性。同时,可减少输电线路中支撑杆塔数量,减少工程占地,节约土地资源,降低工程建造成本。对位芳香族聚酰胺纤维复合芯导线相对于传统导线,在相同外径尺寸下,增加了导电截面,增大了线路的输送容量,能较好地满足目前国内对输电线路提出的增容要求。相对于传统导线,对位芳香族聚酰胺纤维复合芯导线的承重可全部由对位芳香族聚酰胺纤维芯承担,因而可采用软铝取代合金铝作为导电体,以提高导体的导电率。在长距离输电线路上应用,能起到较好的节能效果。同时,对位芳香族聚酰胺纤维替代传统的铜芯作为加强件,该导线具有更好的耐腐蚀性能,可提高导线的运行寿命。

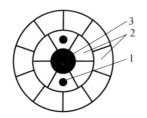

图 8-8　对位芳香族聚酰胺纤维复合芯导线结构

1—光纤;2—铝导体;3—对位芳香族聚酰胺纤维复合芯。

8.2　复合材料

对位芳香族聚酰胺纤维增强复合材料具有轻质、高强、耐磨等一系列优异性能,因此在航空航天、防弹/武器装备、造船产业、工业元件、体育运动器材等多个领域都有重要应用[3,4]。

(1)航空航天。减重对于航空和航天飞行器而言具有特殊意义,是设计师除安全性之外最关心的技术指标。比如,航天器每减重1kg,可节省3万美元;航空器每减重1kg相当于节约2000美元。采用的先进复合材料是实现上述目标的唯一途径,如美国"三叉戟"2战略导弹第三级火箭发动机壳体采用对位芳香族聚酰胺纤维/环氧树脂复合材料,与玻璃纤维/环氧树脂复合材料相比减重35%。

对位芳香族聚酰胺纤维增强复合材料具有高比强度、高比模量和抗耐疲劳性,以及独特的材料可设计性,用作固体火箭发动机壳体和整流罩、空运集装箱、飞机壳体等结构部件,可实现减重,大幅提高性能。用对位芳香族聚酰胺纤维帘线代替尼龙帘线做橡胶骨架材料,可以实现航空轮胎轻量化并延长使用寿命。芳纶密封带还可用于涡轮发动机,在发动机出现故障的情况下对乘客舱实施保护。

(2)防弹/武器装备。对位芳香族聚酰胺纤维织物具有高抗张强度、高弹性模量和低密度的性能特点,能迅速将子弹的冲击能量吸收并分散转移,避免造成"钝伤",因而防护效果显著,被誉为"终极防弹材料";对位芳香族聚酰胺纤维复合材料板具有一定的刚度,能支撑面板,同时具有一定的变形能力,能够吸收弹体和面板的剩余能量,可作为背板或夹层材料与陶瓷、装甲钢或铝合金等面板共同构成复合装甲来使用;作为内衬使用以降低弹丸破片和碎片对武器内部及人员的伤害,减少二次效应造成的损伤,同时兼具防辐射、抗爆震功能,与以前使用的橡胶型内衬相比重量大大减轻。目前主要用于软质防弹背心、防弹头盔、防刺防割服,硬质防弹装甲板,防弹车体,航空母舰甲板上层建筑、重要操作控制室和敏感技术舱室等。

(3)造船产业。近年来,人们对更大型、更豪华的摩托艇和风帆游艇的需求日渐旺盛,巡航和竞赛活动的数量也明显增多,这催生了对高强度和安全性产品的需求日益增长。对位芳香族聚酰胺纤维因其高模量、轻重量和抗挠曲疲劳性特性被用于帆船、快艇、赛艇、渔船等制造。采用对位芳香族聚酰胺纤维复合材料的加固船只,船身重量比玻璃钢、碳纤维复合材料及金属铝都轻,船体重量可减轻30%左右。由于对位芳香族聚酰胺纤维复合材料具有吸收振动及承受连续冲击的能力,可保证船只的航行平稳与安全。另外,对位芳香族聚酰胺纤维加固层压帆船在强度、硬度和尺寸稳定性方面均可大大提升,使高水平的赛艇竞赛成为可能。

(4)工业元件。对位芳香族聚酰胺纤维由于其高模量、损伤容限和强度可用于各种工业元件,如高性能印制电路板、锥形扬声器和底板。还可以用于断路器棒材,其高模量和对位芳香族聚酰胺纤维的非导电性能可提供特定优势。

(5)体育运动器材。由于对位芳香族聚酰胺纤维复合材料具有轻质高强、振动阻尼、耐冲击和过载,及加工成型性好和可设计性强等特性,对位芳香族聚酰胺纤维可用于加固不同类型的体育运动器材,如网球拍、曲棍球棒、滑雪板、钓鱼竿、冲浪板和高尔夫球杆等。

8.2.1　树脂体系

由于对位芳香族聚酰胺纤维分子链呈刚性结构、分子链活动性差,且表面活性点少,反应活性低,制备复合材料时存在与树脂浸润性差,复合材料界面结合弱的问题,因此对芳纶纤维增强复合材料用基体树脂有较高要求:

(1)力学方面能够起到黏结纤维、保护纤维、传递载荷的作用,在特定使用温度、环境和时间内具有良好的力学性能。

(2)物理方面应具有良好的耐热性、电性能、吸波性和透波性,提高芳纶复合材料的功能性,同时具备适当的热膨胀系数,使其与对位芳香族聚酰胺纤维的膨胀系数相匹配,以减少对位芳香族聚酰胺纤维复合材料的内应力。

(3)化学方面应具有优良的抗化学溶剂和化学腐蚀性、阻燃性及低的吸水(并耐水解)性。

（4）树脂的配方组成和溶剂应无强烈的刺激味、无毒或低毒，并具有较长的安全储存期。

目前，通用的高性能树脂分为热塑性和热固性树脂两大类。典型的高性能热塑性树脂包括热塑性聚酰亚胺、聚醚酰亚胺、聚酰胺、液晶聚酯、聚醚醚酮、聚醚砜等。由于高性能热塑性树脂分子主链中含有芳杂环结构，其链段的刚性大，因而具有较高的玻璃化转变温度、良好的耐热性和高温性能保持率。但由于热塑性树脂分子量比较高，其熔点和熔体黏度均比较高，作为复合材料基体使用时成型工艺性差，高温使用时易发生蠕变。另外，热塑性树脂易受溶剂攻击，耐溶剂性差，极大地限制了其作为复合材料基体树脂的使用。

高性能热固性树脂是主要的复合材料树脂基体，它们是带有高活性基团的低分子量的聚合物或预聚物或低聚物，该类树脂在一定条件下如热、辐射等易交联反应形成体型结构。典型的热固性树脂有环氧树脂、聚酰亚胺树脂、双马来酰亚胺树脂、氰酸酯树脂、苯并噁嗪树脂等。一般情况下热固性树脂具有优异耐热性能和力学性能，可在恶劣环境下长期使用，加工成型工艺性好，其固化树脂耐溶剂性、耐蠕变性能优异，且尺寸稳定；但热固性树脂脆性大，不耐冲击，制备的预浸料需冷藏，储存期短[5]。

根据对位芳香族聚酰胺纤维复合材料对树脂体系的要求和高性能树脂的特点，目前对位芳香族聚酰胺纤维复合材料常用的树脂主要有环氧树脂、氰酸酯树脂、酚醛树脂、双马来酰亚胺树脂、聚酰亚胺和苯并噁嗪树脂等，上述树脂的特点详见表8-1。

表8-1　对位芳香族聚酰胺纤维复合材料常用树脂特点

树脂基体	优点	缺点
环氧树脂	界面性能好、耐腐蚀、电性能和尺寸稳定性好，工艺成熟	不耐高温，且介电性能较差
氰酸酯树脂	介电性能出色，耐高温、低吸湿率、低热胀系数、力学性能和黏结性能好，工艺性好	工艺性差
酚醛树脂	耐热性、力学性能及耐候性好	成型压力高，后固化时间长，介质损耗较大
双马来酰亚胺树脂	力学性能、耐热性和介电性能好	预浸料制备和成型工艺还存在很多困难
聚酰亚胺	优良的介电性能，有良好的热稳定性能和耐溶剂性能	工艺性差，孔隙率高而引起吸潮
苯并噁嗪	固化收缩率低、优良的阻燃性和力学性能、低膨胀系数、低吸水率	黏度大，固化温度高，固化时间长

8.2.2　制备

对位芳香族聚酰胺纤维复合材料的制备工艺主要有树脂传递模塑成型、树脂膜熔融浸渍、纤维缠绕成型、拉挤连续成型和手糊成型等。实际生产过程中应依据复合材料制品产量、成本、性能、形状和尺寸大小,适当选择复合材料的成型工艺方法[5,6]。

1. 树脂传递模塑成型

树脂传递模塑成型(RTM)是在压力注入或/外加真空辅助条件下,将具有反应活性的低黏度树脂注入闭合模具中并排除气体,同时浸润纤维结构,树脂充分浸润纤维后固化成型,然后脱模得到复合材料构件(图8-9)。该技术主要适用于中小型结构件的制造,但RTM工艺存在孔隙含量较大、纤维含量较低、树脂在纤维中分布不匀、树脂对纤维浸渍不充分等缺陷,同时该技术所需阴阳模具的制造费用高,对模具的材质要求严格,制造复杂件需要大量实验。为进一步提高产品质量,弥补RTM工艺的不足,近年来出现了真空辅助RTM、压缩RTM、树脂渗透模塑、热膨胀RTM和共注射RTM等注射模塑等多种衍生技术。对位芳香族聚酰胺纤维增强游艇、风力发电叶片及大部分体育用品配件均采用该技术制作。

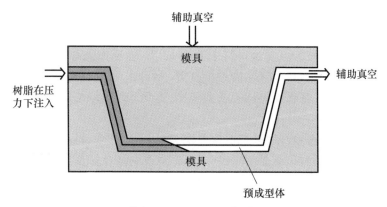

图8-9　RTM工艺原理

2. 树脂膜熔融浸渍

树脂膜熔融浸渍(RFI)是一种将树脂膜熔渗和纤维预制体相结合的树脂浸渍技术。RFI方法将固态的基体树脂膜置于模具和增强纤维预成型体之间,并将零件和模具包覆于真空袋中,在热压罐内完成固化成型。在固化成型过程中,随温度的升高,树脂膜熔融成黏流状,在热压罐压力和真空作用下,树脂从纤维预成型体底面向上渗入预成型体内的真空空隙,并对纤维进行浸渍,最终在预成型体内固化而形成复合材料零件。该工艺由于未采用RTM方法的闭合模具形式,对模具的钢强度要求相对较低,可实现大型结构件的制造。同时,该技术由于只采用传统的真空袋压成形方法,免去了 RTM 工艺所需的树脂计量注射设备及双面模具的加工,大大降低了成本。

3. 纤维缠绕成型

纤维缠绕成型在控制纤维张力和预定线型的前提下,将连续的长丝或布带浸渍树脂胶液后缠绕在相应制品的芯模或内衬上,然后在室温或加热条件下使之固化成型。该技术是各种复合材料成型方法中机械化、自动化程度最高的一种,该工艺制备的复合材料制品避免了布纹交织点与短切纤维末端的应力集中,并可使产品实现等强度结构,但使用该技术时需考虑对位芳香族聚酰胺纤维与接触金属部件之间的摩擦,及纤维力学性能损失率。目前使用纤维缠绕成型制备的对位芳香族聚酰胺纤维复合材料主要有战略导弹(火箭)发动机壳体、高压气瓶、耐腐蚀储罐、石油管道等。

4. 拉挤连续成型

拉挤连续成型工艺是将浸渍树脂胶液的连续纤维束、带或布等,在牵引力的作用下,通过具有一定截面形状的成型模具,通过挤压模具成型、固化,连续引拔出长度不受限制的复合材料型材。拉挤连续成型工艺具有生产效率高、工艺易于控制、产品质量稳定等优点,而且拉挤制品中纤维按纵向布置,在引拔预张力下成型,纤维的单向强度得到充分的发挥,制品具有高的拉伸强度和弯曲强度;缺点是制品性能具有明显的方向性,横向强度差。目前使用拉挤连续成型制备的对位芳香族聚酰胺纤维复合材料主要为 KFRP 光缆加强芯。KFRP 具有模量高、膨胀系数低、产品直径小、弯曲性能优异、耐冲击等特点,其主要作用为光缆在受力时,保证光纤在长度方向上受力较小,避免光纤的断裂和光损耗的增加。

5. 手糊成型

手糊成型是指在涂好脱模剂的模具上,采用手工作业,即增强纤维材料和树脂交互地铺层,直到所需制品的厚度为止,然后通过固化和脱模而取复合材料制品。手糊成型工艺不需要复杂的设备,固定资产投入少,且生产技术易掌握,所制作的复合材料制品不受尺寸、形状限制;但该工艺存在生产效率低、生产周期长、产品质量稳定性差、生产环境差等缺点。目前通过手糊成型可制备的对位芳香族聚酰胺纤维复合材料主要有制品有储罐、风电叶片、各类渔船、游艇、汽车壳体、滑板、设备防护罩等。

表 8－2　对位芳香族聚酰胺纤维复合材料制备工艺比较

工艺	生产效率	尺寸	形状	增强材料	所用树脂
RTM 成型	中	小—中	由简单到复杂	预成型坯/织物	乙烯基酯/环氧树脂/双马来酰亚胺树脂

（续）

工艺	生产效率	尺寸	形状	增强材料	所用树脂
树脂膜熔融浸渍	高	中	由简单到复杂	预成型坯/织物	热塑性树脂
纤维缠绕成型	低—高	小—大	圆柱或对称结构	连续纤维/织物	环氧/聚酯树脂/酚醛树脂
拉挤成型	高	长度不限	定截面	连续纤维/织物	聚酯/乙烯基酯树脂
手糊成型	低	小—大	由简单到复杂	预浸料/织物	环氧树脂

8.2.3 性能表征

1. 界面黏结性能

由于对位芳香族聚酰胺纤维表面缺少化学活性基团、极性低、浸润性差，还存在着分子链刚直、结晶度高、分子间氢键结合力较弱、横向拉伸强度低、纤维易微纤化、纤维表面易吸水等缺点，导致纤维与树脂基体间的界面黏结性能差、层间剪切强度低，影响了其复合材料综合性能的发挥，限制了材料的应用领域。因此，界面黏结性能检测为对位芳香族聚酰胺纤维复合材料的重要检测项目之一。界面黏结性能主要通过纤维浸润性、层间剪切强度、横向拉伸性能和单丝拔出强度四项指标进行表征[7,8]。

（1）纤维浸润性。浸润性常用来表征液体在固体表面的铺展速度和程度。在制备复合材料的过程中，树脂对纤维的浸润性直接影响复合材料的界面黏结性能。通过测试接触角评价树脂对对位芳香族聚酰胺纤维的浸润性。采用毛细浸润法测量接触角，毛细浸润法是利用电子天平跟踪纤维吸液后的增重，表征纤维的浸润性，推算纤维对浸润液的接触角。这种方法不但方便，减少了人为的误差，而且由于是用纤维束来进行实验，测试结果具有统计性，能反映纤维表面的实际情况。

（2）层间剪切强度。层间剪切强度是衡量复合材料层合板层间黏结性能的一个重要指标，能从宏观力学性能上反映复合材料界面黏结情况。其主要是通过短梁三点弯曲试验进行测量，短梁试样要设计成不会发生弯曲破坏而只发生层间破坏的形式，试样的跨厚比 $L/h = 4 \sim 5$，其他几何形状和试验装置与弯曲试验相似，制较小的跨厚以便提高中性面切应力与外层拉（压应力）的比值，造成中性面层间剪切失效。

（3）横向拉伸性能。横向拉伸强度是表征纤维与树脂界面黏结性能的另一个重要指标，单向纤维增强复合材料层压板横向受到拉伸时，由于两相界面结合强度较弱而先于基体破坏，因此横向拉伸强度不仅远远低于纵向拉伸强度，而且还低于基体的拉伸强度。

（4）单丝拔出强度。纤维单丝拔出试验常用于研究纤维与树脂基体之间界面黏结性能,能够从细观复合材料的力学性能方面准确地反映两者之间界面结合的强弱其体系的界面黏结性能较优异。

2. 力学性能

(1)拉伸性能。拉伸性能主要由纤维提供,纤维借助树脂的保护能保持较高的强度,拉伸性能的测试主要获得拉伸强度、拉伸模量、断裂伸长率等性能参数。其中可测试纵向和横向的拉伸性能,其中纵向考察纤维强力,横向表征树脂与界面性能。

(2)压缩性能。压缩性能受树脂和纤维界面黏结状况的影响,因此,压缩强度能较敏感反映老化作用对材料性能的影响。含有高压缩强度纤维的复合材料的压缩破坏是由纤维的失稳,而不是由纤维的压缩破坏所决定。但是压缩试验在测试过程中试样夹持上的轻微变化导致测得的压缩强度变化高达30%,因此要求试样、夹具的加工精度和操作人员的水平较高。

(3)弯曲性能。弯曲性能综合反映拉伸、剪切和压缩三种应力状态下,对树脂、纤维及界面三者的影响。弯曲性能评定复合材料老化的性能比较适宜。其主要包括三点弯曲和四点弯曲,其中四点弯曲试验针对挠度较大的材料。

表8-3为对位芳香族聚酰胺纤维复合材料常用测试方法。

表8-3 对位芳香族聚酰胺纤维复合材料常用测试方法

性能指标	标准	性能
拉伸强度、模量	ISO 527-4—1997	纵向考察纤维,横向考察树脂及界面
压缩强度、模量	ISO 14126—1999	纵向考察纤维,横向考察树脂及界面
弯曲强度、模量	ISO 14125—1998	组合受力
层间剪切强度	ISO 14130—1997	界面性能
面内剪切强度、模量	ISO 14129—1997	抗损伤、界面性能
冲击强度	ISO 179-1—2010	韧性

3. 老化性能

对位芳香族聚酰胺纤维复合材料的组分由有机高分子构成,受光、温度、湿度、氧气以及化学介质等环境因素影响,随着时间推移,其化学组成结构和物理性能将会发生一系列老化变化。所以应对其复合材料的老化性能进行表征与研究[9,10]。

(1)湿热老化。湿热老化包括两个基本的老化行为,即在热作用下的行为和在水作用下的行为。热和水两个因素综合作用的结果,导致了对位芳香族聚酰胺纤维/环氧树脂复合材料的湿热老化。当对位芳香族聚酰胺纤维/环氧树脂复合材料在一定温湿度下,水主要有三个方面作用:一是由于对位芳香族聚酰胺纤维和环氧树脂中有大量氢键存在,水分子逐步渗透到材料体系内部,水的存在将破坏这些氢键,从而破坏其网状结构;二是对位芳香族聚酰胺纤维/环氧树脂复合材料中存在的亲水基团,水分子的渗入将导致它在湿热条件下可能发生水解反应,分子量显著下降;三是水分子的渗入降低了界面处环氧树脂与对位芳香族聚酰胺纤维的黏结强度,导致界面脱黏。而温度对它的湿热老化性能影响是:一方面不同温度下的扩散机理不同,高温可以加快扩散速度。因为随着温度的升高,水气向其内部的扩散能力加大,同时高温下分子链的热运动加剧,分子间的作用力减弱,自由体积增大,也有利于水分的进入,饱和吸湿率也能进一步增加,水解程度也加剧。另一方面,聚集态结构也会因热而发生改变,如对位芳香族聚酰胺纤维的结晶度和取向度会在温度升高时下降[9]。

(2)热氧老化。热氧老化是在热作用和氧作用下的高聚物材料发生的老化行为。随着环境温度的升高,对位芳香族聚酰胺纤维/环氧树脂复合材料中的酰胺基、醚键、胺基等的化学键可以被热能打开,而其周围环境中又有氧存在,对位芳香族聚酰胺纤维和环氧树脂将会发生自动氧化催化反应。首先是热起活化作用,由热能引发酰胺基、醚键、胺基等化学键断裂,生成游离基;然后发生氧化反应,一旦引发反应,游离基链式反应迅速进行,直到游离基浓度达到一定程度后游离基之间反应生成稳定物导致反应终止。在热氧老化过程中,对位芳香族聚酰胺纤维/环氧树脂复合材料的物理力学性能将发生明显变化。

(3)光氧老化。虽然太阳光中的紫外线能量足够切断许多高聚物的化学键,但是由于高聚物吸收紫外线的速度很慢,同时高聚物的光物理过程消耗大量吸收的能量,因此曝露在阳光下的对位芳香族聚酰胺纤维/环氧树脂复合材料不会发生光化学反应,而是与空气中的氧同时作用发生光氧化反应。在大气环境光照条件下,对位芳香族聚酰胺纤维/环氧树脂复合材料的光氧化反应机理与热氧化相似,也是按自由基反应历程进行的。光氧化和热氧化的链增长和链终止的机理基本相同,其根本差别在于链引发的不同,前者是由紫外辐射能,而后者是由热能引起的。因为紫外线能量高,其能量能直接传递给化学键中的电子,因此发生断裂的就并不总是弱键,强键也可能断裂或被活化。

8.3　绳索及缆绳

绳索及缆绳是通过加捻或编织等方式加强后,连成一定长度的纤维。按制造工艺分为捻绳和编织绳两大类;按材料分为钢丝绳索和有机高分子材料绳索,有机高分子材料绳索的基体主要有对位芳香族聚酰胺纤维、高强聚丙烯、碳纤维、超高分子量聚乙烯等。钢丝绳具有强度高、抗蠕变等特点;但刚度大,不易曲折,无法直接打结,且耐疲劳性较差,经过长时间应用后在大载荷下会发生意外断裂。有机高分子材料绳索柔软性好,使用运输方便,易于打结使用;但高分子材料模量低,抗蠕变性差,在野外日光下使用时易老化。

当前,绳缆往往都在非常恶劣的环境中使用,且各个行业对更强韧、更耐热和更耐用产品的需求正迅速增长。例如,在采矿和海洋工业,绳索和线缆的使用时间更长,需具备较高承重能力并能抵达更深处。由此形成对更高效率和配套技术的巨大需求,这对绳缆产业的相关各方带来了更大压力。

对位芳香族聚酰胺纤维突出的特点是高强度、高模量,低伸长、低密度,低膨胀系数,高耐温性、高抗化学性等。以对位芳香族聚酰胺纤维为基体制备的绳索具有良好的热稳定性、长期的尺寸稳定性、良好的耐疲劳性、耐腐蚀性、低维护等特点,广泛用于需确保安全防护的采矿业、海洋工业和休闲产业,主要有起重机吊索、船舶系泊线、消防员紧急绳索、滑翔绳索、风筝线、缝纫线、钓鱼线等。

8.3.1 捻绳

捻绳一般由三股或更多股绳捻制而成,主要包括单丝初捻和多丝复捻两个制造过程。初捻是对多根纤维分别进行相同捻度的加捻,加捻后将这几根纤维合并为一根纤维;复捻是将合并后的纤维根据工艺要求进行单独加捻。具体工艺是对多个纤维加 S 捻,然后合股到一个卷曲,将合股好的初捻卷装重新放入锭罐,反向加 Z 捻得到浸胶前得线绳。对位芳香族聚酰胺纤维捻绳一般用于浸胶线绳、绳缆、芳纶缝纫线、风筝线等。

对位芳香族聚酰胺纤维捻绳的生产流程主要包括初捻和复捻两工序,根据不同的用途将增加不同生产工序。图 8 – 10 为芳纶浸胶线绳生产流程,需增加浸胶、热处理和热拉伸等工序。目前,线绳的加捻技术比较成熟,但在对位芳香族聚酰胺纤维初捻和复捻过程中应注意捻度对纤维强力的影响。纤维加捻的目的是为了使纤维束均匀受力并不松散,减少细微毛丝数量;但加捻将直接影响对位芳香族聚酰胺纤维的力学性能,捻度过小或过大使纤维的断裂强力降低。加捻纤维断裂强力的降低是由于在受力情况下,外力的方向与纤维的轴向取向方向发生了偏离,相当于纤维受到一个剪切力的作用。因此,在制作高强度缆绳时,要在一定捻度范围内确认合理的纤维捻度或增加纤维数量以达到一定的断裂强力[11]。

对位芳香族聚酰胺纤维捻绳浸胶的目的是为了加捻后纤维黏结在一起,使用或存放时不松散;黏结在一起的纤维束能够将所受到的作用力均匀地分布及传递给每一根纤维,使纤维束内的每一根纤维一致产生应力作用,从而使其断裂强力有较大增加;黏结在一起的纤维接触空气及海水的面积减少,有利于延缓纤维的老化,增加使用寿命。同时,用于绳索要有卓越的黏结性、突出的柔韧性和适中的硬度。但由于对位芳香族聚酰胺纤维表面活性基团受到大分子芳基核的空间位阻屏蔽及高结晶度、高取向度结构,若仅采用传统的一浴浸渍技术,很难提高其与橡胶的黏合强度,因此用对捻绳浸胶时一般采用黏合活化剂处理或者采用 RFL 的二浴浸胶,以解决对位芳香族聚酰胺纤维和橡胶黏合性差的难题[12]。

图 8-10　芳纶浸胶线绳生产流程

8.3.2　编织绳带

编织绳带是由多根纱线以锭子循环回转作牵引,以"8"字形轨道编织而成。在编织绳中,绳股不是以加捻的方式绞合在一起的,而是以一种穿插的形式相互交叉在一起的。按编织方法和直径大小可分为绳、索、缆,按照织结构可分为管型编织绳、实心编织绳以及八股编绞绳等。

以对位芳香族聚酰胺纤维长丝为基体制备的编织绳带具有强力高、伸长稳定、防灼性能好、抗老化性强、使用寿命长、量轻等特点,目前主要有芳纶编织伞绳、松紧绳、缓冲绳、传动绳、攀登绳等规格,可用于空降兵伞、飞机阻力伞、投物伞、运动伞、船舶、起重装卸和服装等国防、交通、船舶领域。

对位芳香族聚酰胺纤维编织绳的生产流程主要包括编织、拉伸、涂层和热处理几大工序,如图 8-11 所示。因对位芳香族聚酰胺纤维表面活性差,常规浆料和助剂难以进行有效的黏合,故对位芳香族聚酰胺纤维编织绳的涂层极为重要。涂层主要包括炼白、防灼和上浆。对位芳香族聚酰胺纤维炼白是编织材料在一定温度下,通过高温或添加脱脂剂去除纤维含有的水分、表面油剂及编织过程中掺入的杂质等,以提高编织原料的纯度。防灼一般是以硅油、抗静电剂、渗透剂等按一定配比组成防灼剂,对编织材料进行表面处理,使产品表面平整、光滑,减小对位芳香族聚酰胺纤维绳索之间的摩擦因数,降低因纤维摩擦产生的静电,提高对位芳香族聚酰胺纤维线绳的安全性和使用寿命。上浆则是根据不同的用途,对对位芳香族聚酰胺纤维绳索进行涂层处理,以降低纤维强力损耗率,提高绳索的抗紫外性能和防老化性能[13,14]。

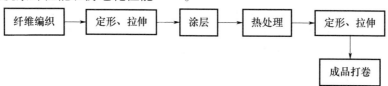

图 8-11　对位芳香族聚酰胺纤维编织绳生产流程

对位芳香族聚酰胺纤维编织绳如图 8 - 12 所示。

图 8 - 12　对位芳香族聚酰胺纤维编织绳

8.4　浆粕

　　对位芳香族聚酰胺纤维浆粕(PPTA-pulp)是 20 世纪 80 年代初开发的一种耐高温、高度分散的原纤化产品,它在保留了 PPTA 纤维优良物理力学性能的同时,具有更强的复合效果,从而作为石棉的理想代用品,在摩擦、密封、增强材料等领域中得到广泛应用,进入 90 年代中期后,由于欧美等地区开展禁止使用石棉的环境保护运动,对位芳香族聚酰胺纤维浆粕得到了迅速的发展,市场需求量日益提高。

　　PPTA-pulp 密度为 1. 41 ~ 1. 42g/cm^3,比 PPTA 长丝略小,表面呈毛绒状微纤丛生,毛羽丰富,粗糙如木材浆粕,纤维沿轴向劈裂原纤化成针尖状,这使其比表面积较大,达 5 ~ 15m^2/g,是长丝的 10 倍以上。PPTA-pulp 纤维的长度和直径呈一定的分布,平均长度为 0. 5 ~ 4mm,长径比为 60 ~ 120,表面氨基含量也是长丝的 10 倍以上,使其与酰胺类的复合树脂有很好的亲和性,也能在浆粕的界面与基体形成氢键,起到增强复合效果。PPTA-pulp 的另一个显著优于碳纤维及玻璃纤维的特点是,分散混合性能良好,而且具有很好的韧性,因此无论在如何激烈的混合加工过程都不会发生断裂,不会降低复合纤维的长径比,这是碳纤维和其他纤维无可比拟的。

　　对位芳香族聚酰胺纤维浆粕制备技术主要有液晶纺丝切割和低温溶液缩聚法。低温溶液缩聚法由韩国的 Yoon[15] 首先报道,是以 N-甲基吡咯烷酮为溶剂,氯化钙为助溶剂,通过低温缩聚反应得到高分子液晶溶液,在高速搅拌作用下,PPTA 大分子链沿着搅拌力作用方向高度取向,当分子量达到某个范围时,体系形成冻胶态。如果停止搅拌,冻胶体系保留了 PPTA 大分子高度取向状态,使解取向过程变得异常困难。此时,聚合物分子量可以继续增大,随着分子链增长,溶剂析出,大分子链堆积结晶形成原纤化结构,再加入沉淀剂经过粉碎、中和水洗和干燥,就得到具有一定长径比和比表面积的 PPTA-Pulp。该工艺省去了复杂的纺丝过程,工艺流程相对简单,是当前理论研究的重点。但目前唯一商业化的对位芳香族聚酰胺纤维浆粕制备方法是液晶纺丝切割法。如图 8－13 为对位芳香族聚酰胺纤维浆粕生产流程。该方法是利用对位芳香族聚酰胺纤维刚性伸直链大分子结构容易产生纵向原纤化的现象,把对位芳香族聚酰胺纤维长丝切成 4～10mm 的短切纤维后,在水中分散进行机械叩解和打浆,纤维被撕裂而原纤化,通过抄纸干燥、纸板开松和压缩打包后得到对位芳香族聚酰胺纤维浆粕成品。该技术工业化成本高;但该技术成熟,产品质量稳定且品质高,易在基体中均匀分散。目前美国杜邦、日本帝人、烟台泰和新材和韩国科隆市场化的对位芳香族聚酰胺纤维浆粕均采用此技术进行生产。

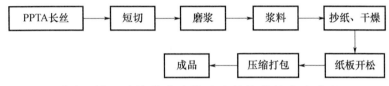

图 8－13　对位芳香族聚酰胺纤维浆粕生产流程

8.4.1　摩擦

摩擦材料是车辆和动力机械制动的关键部件,要求其具有可靠的摩擦性能,目前没有一种材料能够单独使用而满足其要求,因而发展了由多组分组成的复合摩擦材料。传统的摩擦材料通常是以石棉增强的酚醛树脂基复合材料,近年来,由于石棉的高温摩擦性能较差及石棉致癌性等问题,石棉逐渐被其他增强纤维所代替。

PPTA-pulp 具有较大比表面积、毛羽丰富的特性,在摩擦材料中可以吸收更多的冲击能,从而使摩擦材料强度提高,当摩擦材料受到外力冲击时,会产生应力集中效应,引发树脂屈服,吸收大量的变形功;同时会使裂纹扩展的阻力增大,消耗变形功,从而改善摩擦材料的韧性。另外,PPTA 纤维具有高比强度和高比模量,因此具有很好的承载能力,纤维作为增强相在摩擦材料基体中充当支撑点的作用,阻止了摩擦材料在受力时的变形,使其冲击强度和硬度提高。除上述特点外,加入对位芳香族聚酰胺纤维浆粕可改善刹车片、刹车片衬里以及离合器摩擦片的性能,如降低噪声、不稳定性和振动感,降低磨损率,减少腐蚀,提高边缘稳定性,防止刹车片出现裂纹等,从而延长产品使用寿命并提高驾驶的舒适性。正是基于这些独特性能,使对位芳香族聚酰胺纤维浆粕成为世界各地的摩擦产品的首选材料。含对位芳香族聚酰胺纤维浆粕产品的摩擦材料可用于私家车、公交车、商用车和重型货车的刹车片、摩擦衬片和离合器摩擦片中,还可以用于火车、电车、地铁,以及摩托车、自行车和三轮车的刹车部件中。另外,含PPTA-pulp产品的摩擦材料还可以用于电梯、起重机等领域。

对位芳香族聚酰胺纤维具有较高的负电性,静电引起的内聚力易将纤维在混料过程中结合成团。纤维越长,结团倾向越严重。混料结团引起摩擦材料混合分散不均,会严重削弱纤维的增强作用,恶化制品的摩擦磨损性能,因此,良好的分散是对位芳香族聚酰胺纤维浆粕应用且优异性能得以发挥的关键。目前主要有两种解决方案:一是选择适当的混料机和适当的转速,保证物料在机中循环混合且不形成"死区",使物料达到充分搅拌分散,一般采用高速旋转内装叶片和横筋的搅拌机,叶片转速高达 2000r/min,对 PPTA-pulp 进行开松,开松一定时间后转入低速的混料机中进行混料;二是控制混料的时间及加料的次序,将开松处理后的纤维搅拌 3min 后再依次加入与之电性相反或较小负电荷的填料(常用摩擦材料的电性见表 8-4),最后加入树脂,可保证 PPTA-pulp 与其他组分的均匀混合[16,17]。

表 8-4 常用摩擦材料的电性

材料	PPTA	Sb_2S_3	$BaSO_4$	ZnO	石墨	铁粉	云母
电量/(nC/g)	-1 ~ -12	4.25	-4.09	-2.90	1.30	-6.00	-2.86

8.4.2 密封

自 20 世纪 70 年代发达国家由于石棉危害人体健康,相继对石棉和石棉制品加以禁止或限制使用以来,加速了无石棉垫片的快速发展。无石棉密封垫片通常由对位芳香族聚酰胺纤维、腈纶等有机纤维和植物纤维与丁腈橡胶、无机矿物质在高温下压延而成,作为石棉橡胶板的替代产品。其中,对位芳香族聚酰胺纤维具有高度结构完整性,其玻璃化温度高,在 200℃时没有明显收缩和蠕变,且具有优良耐酸、碱、有机溶剂等化学物质腐蚀性能,与石棉相比具有强度高、耐磨性好、热膨胀系数小、记压缩恢复性好等优点,是目前使用最广泛的一种代石棉材料。以对位芳香族聚酰胺纤维浆粕作为增强材料,可提高密封板材以下性能:

(1)对位芳香族聚酰胺纤维皮芯结构的存在,使浆粕高度原纤化,具有 5 ~ 12m²/g 的比表面积,可明显提高密封预混物的抓附力。

(2)使用高度微纤化的对位芳香族聚酰胺纤维浆粕可以制造强度极高的垫片,纸浆纤维不会严格地按发生方向定向,使得纵向与横向强度更为接近。另外,可耐因高压缩应力引起的压碎、延伸和法兰间的剪切运动,对位芳香族聚酰胺纤维浆粕的加入可综合提高密封产品的力学性能和密封性能。

(3)对位芳香族聚酰胺纤维的玻璃化转变温度为 345℃,可在 200℃下长期使用,保障对位芳香族聚酰胺纤维浆粕增强无石棉垫片具有较好的耐热性。

（4）密封垫片生产过程中要求及其精确地控制加工温度、温度分布、轧制压力、轧制速度等压延加工参数，而事实上，无论是轧制压力还是轧制温度都不是恒定的，需要在压延过程中根据所加工的片材厚度进行调节，导致控制过程相当复杂。若使用高度微纤化的对位芳香族聚酰胺纤维浆粕，压延压力可以在较长的范围内变化，提高产品压延稳定性[18]。

目前，密封板材制备方法主要有模压和抄取两种工艺。其模压法是通过开炼机或密炼机使橡胶塑炼，然后与非石棉纤维、加工助剂及填料混炼、模压、硫化制备成纤维增强密封材料，如图8－14所示。此工艺为国内常用的一种无石棉密封材料制备方法，但该工艺存在因PPTA-pulp互相摩擦产生负电荷导致纤维抱团难以分散的问题，所以在混炼过程中应优化浆粕混合时间，提高浆片速度，与带正电荷的填料粒子混合，以提高浆粕开松程度，制备高品质密封制品。抄取法主要采用造纸机械将含水分散体系按造纸工艺加工成板材，是目前国外常采用的一种无石棉密封材料制备方法。该工艺最常采用的黏合剂为乳胶，增强材料为非石棉短纤维或浆粕，但该工艺生产过程存在大量的工业污水，需加以回收利用。

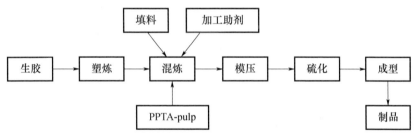

图8－14　对位芳香族聚酰胺纤维浆粕增强
无石棉橡胶密封板模压成型工艺

8.4.3　工业纸

在特种纸市场，对现有和新纸品应用的性能要求日益严苛，如耐热性，更好的物理、电子和化学性能以及耐磨性。为此在间位型纸基材料基础上研究人员开发出对位芳香族聚酰胺纤维纸基材料。对位芳香族聚酰胺纤维纸在非常苛刻的条件下仍然表现出优异的尺寸稳定性、良好的宽频透波性能、高比强度、高绝缘性、高耐热性等特点，广泛用于稳定性极高的印制集成电路板、轻量化高密度元件，以及变压器、卫星通信线路、发电机、高速传递回路等产品，使其成为国防军工、航空航天、遥感通信等领域中比较理想的结构材料和透波材料[19]。

对位芳香族聚酰胺纤维浆粕因具有以下优异性能而被广泛用于工业造纸：

（1）PPTA-pulp在水中易分散，具有极佳的纸张成型性能。

（2）PPTA-pulp 具有较高比表面积,加强了纤维之间的氢键结合,且浆粕原纤的长径比大,使纸具有较高致密度、挺度和强度。

（3）对位芳香族聚酰胺纤维玻璃化转变温度为 345℃,高温下不熔融,其热膨胀系数沿着纤维轴向是负值,横向热膨胀也非常低,刚性链的分子结构,使其蠕变也非常低,使芳纶纸具有极优良的高温尺寸稳定性。

（4）芳纶纸与树脂复合绝缘材料,其电气绝缘性能很优秀,介电常数（1MHz）为 3.8 ~ 4.1,介质损耗系数（1MHz）0.015 ~ 0.019,绝缘破坏电压 20 ~ 60kV/mm,适合制作高级绝缘用纸。

如图 8 - 15 为对位芳香族聚酰胺纤维工业纸主要生产流程,其关键技术包括纤维分散技术、斜网成型技术和高温压光技术。

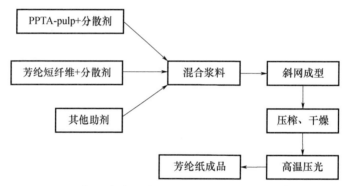

图 8 - 15　对位芳香族聚酰胺纤维工业纸主要生产流程

（1）纤维分散技术。对位芳香族聚酰胺纤维对水的润湿性较差,不利于在水相中的分散,此外为得到高强度的纸基材料,对位芳香族聚酰胺纤维短纤维必须具有足够的长度,这将使纤维在水介质中易于絮聚缠绕,并且由于比表面积较大的 PPTA - pulp 的加入,加剧了芳纶纤维在水相介质中的絮聚,给材料抄造成型带来较大困难。因此,去除或选择新型对位芳香族聚酰胺纤维表面油剂,及如何选择高效的分散助剂来降低纤维表面的疏水性,提高纤维在水中分散成为关键。

（2）斜网成型技术。芳纶纸生产过程中加入了高比表面积的 PPTA - pulp,使得纤维在水介质中的拥挤因子急剧增大,进而导致纤维分散情况急剧恶化,增大了纤维成形难度。而斜网成形器可以认为是长网和圆网的“嫁接”,兼容了长网、圆网纸页成形的特点,适用于长纤维纸的抄造,特别是多种纤维的混合成形,设计和优化对位芳香族聚酰胺纤维纸专用斜网成形器也是对位芳香族聚酰胺纤维纸的问题。

（3）高温压光技术。制造普通植物纤维纸时,常用压光工序来增加纸页紧度和纸页表面性能,对位芳香族聚酰胺纤维纸的高温压光,除了有上述目的外,高温压光还可以增强纤维间的结合力,提高芳纶纸的力学性能。高温压光后芳纶纸的物理、介电性能都有显著改善。除供浸渍用要求多孔和供绕包用要求柔软者外,大部分用途的芳纶纸都需要高温压光处理。但由于对位芳香族聚酰胺纤维玻璃化转变温度高,同时热压条件必须控制在不会导致短纤维出现过度结晶,因此选择合适的压光温度和压力是生产芳纶纸的一项关键技术。

8.4.4　弹性体母粒

由于对位芳香族聚酰胺纤维浆粕是一种表面高度原纤化、具有大比表面积的短纤维,且比较蓬松,摩擦易产生静电,采用常规开炼方法,会导致其在橡胶混炼胶体系中难以均匀分散,纤维会形成球结,这些球结在产品中形成应力集中点,最终使制品性能下降。为此引入了母炼胶的方法,但传统制备母炼胶的方法对芳纶浆粕的分散同样困难。杜邦公司发明了一种能将对位芳香族聚酰胺纤维浆粕有效分散到橡胶母体中的方法,利用弹性体溶液与对位芳香族聚酰胺纤维浆粕和补强弹性体共同混合均匀制备芳纶浆粕粒状弹性体,高度松散并均匀分散的对位芳香族聚酰胺纤维浆粕与橡胶之间的相互作用类似于炭黑与橡胶之间的相互作用,浆粕表面与橡胶表面充分接触,使胶料具有低磨耗、高抗撕裂、抗切割和抗崩花掉块低等优异性能,另其增强的弹性体复合材料小变形下的应力比直接使用芳纶浆粕增强的弹性体复合材料高出 50% ~200%[20]。

日本帝人公司也开发了一种可用作配合剂的改性芳纶短纤维,商品名为 Sulfron。Sulfron 可用于降低炭黑混炼化合物以及含有炭黑和二氧化硅的化合物的滞后性。由于 Sulfron 3001 可在高温条件下与化合物相混,所生成的直接反应产物与炭黑颗粒发生反应,从而降低了填料间的交互作用。该反应所生成的化合物的摩擦能量更低,从而提高了滞后特性。同时该纤维可改善硫化和过氧化物硫化橡胶化合物的特性,添加少量的 Sulfron 系列弹性体母粒可改善胶料的性能,用这种胶料作为胎面胶可以提高耐割伤性能、抗崩花掉块性能、耐屈挠疲劳性能、耐磨性、滞后性能和生热性能。此外,还可以明显降低滚动阻力,在不影响性能的前提下大幅度降低燃油消耗[21]。

目前,弹性体母粒主要用于补强各种制品,如传动带、载重轮胎和工程机械轮胎、输送带、胶辊外层胶、密封件和模压制品。当然,弹性体母粒最终在胶料中的均匀分散也同等重要,为了避免纤维球结和未分散的弹性体母粒在制品中形成的缺陷,既需要高技术的母炼胶制备工艺,也需要在混炼过程中引入足够的剪切力使弹性体母粒分散均匀。

参 考 文 献

[1] 石秀华,孙武斌,李增楠. 芳纶电缆水下电连接器密封技术研究[J]. 润滑与密封,1998,01:44 – 45.

[2] 许宪成,张立伟,何丽坚,等. 拖链电缆及其制备工艺:CN 103295681 A. [P].

[3] 曹付军,张江,张少华,等. 对位芳纶复合材料[J]. 化工时刊,2014,28(01):35 - 37.

[4] 沃西源,涂彬,夏英伟. 芳纶纤维及其复合材料性能与应用研究[J]. 航天返回与遥感,2005,26(2):50 - 55.

[5] 黄发荣,周燕. 先进树脂基复合材料[M]. 北京:化学工业出版社,2008.

[6] 梁栋,蒋云峰,熊志建,等. 树脂基复合材料关键制造技术的研究进展与制约因素分析[J]. 材料导报,2011,25(4):5 - 10.

[7] 赖娘珍,周洁鹏,王耀先,等. 芳纶纤维/AFR 树脂复合材料界面黏结性能的研究[J]. 玻璃钢/复合材料,2011,04:3 - 6.

[8] 胡福增. 材料表面与界面[M]. 上海:华东理工大学出版社,2008.

[9] 王晓洁,梁国正,张炜等. 湿热老化对高性能复合材料性能的影响[J]. 固体火箭技术,2006,29(3):301 - 304.

[10] Serge Bourbigota, Xavier Flambarda, Franck Poutchb. Study of the thermal degradation of high performance fibres – application to polybenzazole and p – aramid fibres [J]. Polymer Degradation and Stability,2001:283 - 290.

[11] 吕生华,王结良,河洋. 高强度聚乙烯纤维绳索的制备研究[J]. 合成纤维工业,2003,26(5):26 - 28.

[12] 廖颖芳,申明霞,蒋林华. 改善芳纶与橡胶黏合性能的处理方法[J]. 高科技纤维与应用,2005,30(3):32 - 35.

[13] 牛鹏霞,杨彩云. 芳纶编织绳耐酸碱性研究[J]. 合成纤维,2010,7:48 - 50.

[14] 李晓声. 特种编织绳的技术开发与应用[J]. 上海纺织科技,2005,33(10):61 - 63.

[15] Yoon Han – sik. Para – aramids without spinning[J]. High Performance Textiles,1984,4(2):1 - 3.

[16] 李锦春,吕梦瑶,尤秀兰,等. 芳纶浆粕增强摩擦材料的研究[J]. 化工新型材料,2008,36(8):72 - 74.

[17] 曹献坤,杨晓燕. Kevlar 短纤维对摩擦材料性能的影响效应[J]. 非金属矿,2004,28(3):48 - 50.

[18] 邱召明,马千里 姜茂忠,等. 对位芳纶浆粕在密封制品中的应用[J]. 高科技纤维与应用,2012,37(4):48 - 50.

[19] 王曙中. 对位芳纶浆粕及其绝缘纸的生产和应用[J]. 绝缘材料,2005,2:19 - 22.

[20] Frances, Arnold. Masterbatch with fiber and liquid elastomer:EP0272459[P].

[21] 杨青,王小菊. 改性芳纶短纤维 Sulfron 3001 在轮胎胶料中的应用[J]. 橡胶工业,2010,57:300 - 302.

第9章

对位芳香族聚酰胺纤维
知识产权分析

技术创新是产业发展的支撑。重视技术创新,推动行业进步,必须利用知识产权保护行业核心竞争力。知识产权的核心是商标和专利,专利保护是其保护的核心战略。目前世界上知名的对位芳香族聚酰胺纤维品牌有美国的 Kevlar®、日本的 Twaron®(荷兰阿克苏)、韩国的 Heracron®、中国的 Taparan® 等。商标代表的是品牌,而专利反映了产品技术水平的差异性。本章主要进行对位芳香族聚酰胺纤维专利及标准研究,分析对位芳香族聚酰胺纤维的技术发展历程及水平。

9.1 专利

本节从专利申请量、申请趋势、专利技术分布以及主要申请人的分析,探索对位芳香族聚酰胺纤维技术创新发展历程及知识产权格局。检索数据库分中文数据库和外文数据库,中文数据库采用中国专利文献检索系统(CPRS 数据库);外文数据库以世界专利索引数据库(WIPO 数据库)为主,美国专利局和日本专利局专利检索数据库为补充。对位芳香族聚酰胺纤维技术分解见表 9-1。经检索统计,截至 2014 年 6 月 20 日,中文数据库共 515 项,外文数据库共 2750 项。

1. 专利申请趋势

世界上最早的对位芳香族聚酰胺纤维专利记载于 1958 年,由美国杜邦申请。1971 年,杜邦 Kevlar® 产品研制成功,拉开了对位芳香族聚酰胺纤维全球专利申请的序幕。对位芳香族聚酰胺纤维是芳香族聚酰胺纤维的代表性产品之一,其专利申请趋势同样经历了技术萌芽期(1970—1983 年)、技术成熟期(1984—2003 年)、全面应用期(2004—2014 年)[1]。这三个阶段分别伴随着美国 Kevlar® 产品（1971 年）、日本 Twaron® 产品（1987 年）、韩国的 Heracron®（2005 年）、中国的 Taparan®（2011 年）产品的商业化，随着商业化产品增多，对位芳香族聚酰胺纤维的技术和应用日趋进步。

表 9-1　对位芳香族聚酰胺纤维技术分解

一级技术分支	二级技术分支
生产工艺	原料制备
	纤维生产工艺
	纤维产品改性
应用	复合材料
	电绝缘
	防弹
	浆粕
	橡胶增强
	通信光缆绳索
	其他

对位芳香族聚酰胺纤维的中国专利自我国 1985 年实施《专利法》以来，其申请发展趋势如图 9-1 所示。2001 年以前申请专利主要集中在生产技术方面，申请人为国内科研院所如清华大学、东华大学（原中国纺织大学）等，以及国外来华申请专利。2001 年以后，由于国外对位芳纶生产技术已经到了成熟期，国内研发机构和企业也都加大研发力度，此阶段专利申请趋势不断上升。到 2011 年，国内企业相继实现对位芳香族聚酰胺纤维的商业化，主要有烟台泰和、中蓝晨光、苏州兆达和仪征化纤等。此阶段专利申请量迅猛增长。主要是国内对位芳香族聚酰胺纤维研发企业数量增多；相应于产业化的需求，其生产工艺和生产设备的专利申请量增多；国外来华申请的对位芳香族聚酰胺纤维应用专利增多。

国外来华申请专利从早期的生产领域到现在应用领域的大范围覆盖，体现了国外对中国对位芳香族聚酰胺纤维的知识产权保护策略。早期，中国对位芳香族聚酰胺纤维的研究力量较为薄弱，国外企业不仅从出口限制上对中国进行封锁，在技术上更是积极保护；现在，中国研究开发了具有自主知识产权的对位芳香族聚酰胺纤维工艺，国外不仅将高端产品对中国进行出口限制，更是急速展开在华的应用专利申请，抢占中国市场。相比较之下，中国的知识产权保护意识不强，现有的生产和应用专利其保护范围较窄。

2. 专利区域分布

从对位芳香族聚酰胺纤维全球专利申请人分布来看（图 9-2），日本、美国和中国专利申请量排名前三位，分别占全球总量的 30%、25%、19%。由于对位

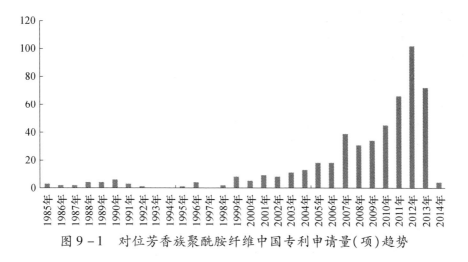

图 9-1　对位芳香族聚酰胺纤维中国专利申请量(项)趋势

芳香族聚酰胺纤维在复合增强、安全防护、绝缘等领域的高性能应用,日本和美国在纤维应用的申请量远大于生产工艺的申请量,由于中国实现产业化较晚,除国外来华申请专利之外,本国申请专利在生产工艺上和纤维应用的申请量差距与日本和美国一致(图 9-2)。总体上来说,对位芳香族聚酰胺纤维在全球范围内应用专利远大于生产专利。一是体现了对位芳香族聚酰胺纤维广泛的应用领域;二是说明发达国家利用知识产权策略,通过应用专利的申请,保护市场进而保护自主品牌的发展。

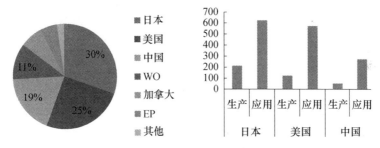

图 9-2　对位芳香族聚酰胺纤维全球专利
申请人及重要申请人专利类别分布

　　国外来华申请的主要国家是美国和日本,主要申请人是美国杜邦和日本帝人,其专利申请有少数生产专利,大部分集中在对位芳香族聚酰胺纤维的应用上,体现了发达国家对占据中国对位芳香族聚酰胺纤维市场的兴趣。

　　从国内申请的区域分布来看,在生产专利的申请中,上海、江苏和北京排名前 3 位。东华大学和清华大学是最早开始对位芳香族聚酰胺纤维专利申请的机构,目前国内产业化企业除烟台泰和以及河南神马、中蓝晨光是自主研发、独立知识产权之外,苏州兆达、仪征化纤、河北硅谷等其技术来源都是东华大学。东华大学在对位芳香族聚酰胺纤维的生产研发及科技成果转化方面,实现了较好的知识产权保护。在应用专利的申请中,上海、江苏和四川排名前 3 位。四川的中蓝晨光化工研究设计院有限公司,于 20 世纪 80 年代开始从事对位芳香族聚酰胺纤维的研究,距今已有 30 多年历史,应用领域研究较为广泛,但其产业化突破时间较晚。我国工程转化能力薄弱,制约了科技成果产业化的速度,导致对位芳香族聚酰胺纤维在中国的发展较慢。

3. 专利技术分布

国际分类法将专利技术内容分为 A(人类生活必须)、B(作业/运输)、C(化学/冶金)、D(纺织/造纸)、E(固定建筑物)、F(机械工程/照明/加热/武器/爆破)、G(物理)、H(电学)共八部分。对位芳香族聚酰胺纤维专利的技术内容涉及较广(图 9 - 3),主分类为 C08 和 D01。C08 指的是有机高分子化合物及其制备或化学加工,或者以其为基料的组合物;D01 指的是以天然或人造的线或纤维及纺纱。说明两个技术领域是全球范围内非常重视和研究的知识产权保护范围。主分类号也显示了对位芳香族聚酰胺纤维的制备原理,是由化合物合成的高聚物经由液晶纺丝制成的纤维。对位芳香族聚酰胺纤维应用专利主要集中在D 部其他分类以及 A 部、B 部、F 部和 H 部。由于对位芳香族聚酰胺纤维集众多高性能于一身,同一性能涉及的应用技术分类较多,如高强度应用涉及 B 部除B01 以外的其他分类号、E 部和 F 部等。本节将对位芳香族聚酰胺纤维应用专利按照表 9 - 1 中的二级技术分支进行分类,从应用领域的角度分析对位芳香族聚酰胺纤维的市场占领知识产权策略。

截至 2014 年 6 月 20 日,涉及对位芳香族聚酰胺纤维已经公开的全球专利共 2750 项,其中设涉及生产的为 974 项,涉及应用的为 1776 项。涉及生产的专利申请中,除了纤维生产工艺之外,还涉及原料制备及纤维改性等方面(图 9 - 4)。可以看出纤维改性占全部生产专利的 84%,改性包含可染性、可纺性、高强高模等方面。

涉及应用的专利申请中,复合材料和电绝缘领域占 45% 左右,防弹领域占7.2%,浆粕和橡胶增强领域申请量各占 5% 左右,其他如通信光缆、绳索以及耐热防护等领域也有应用(图 9 - 5)。复合材料是对位芳香族聚酰胺纤维最重要的应用形式,包含树脂基复合材料、纤维复合材料、织物复合材料等形式,以达到复合增强、耐热、防护等目的。对位芳香族聚酰胺纤维最早的应用是航空航天、军工装备等军用领域,虽然在欧美等发达国家防弹衣、防弹头盔等已经普遍采用对位芳香族聚酰胺纤维,但是受军事保密等因素影响,全球防弹领域应用专利申请量并不多。

截至 2014 年 6 月 20 日,涉及对位芳香族聚酰胺纤维已经公开的中国专利

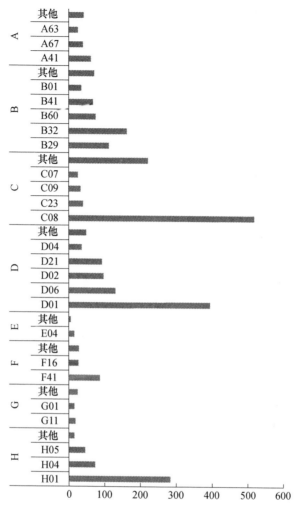

图9-3　对位芳香族聚酰胺纤维全球专利技术内容分布

图9-4　对位芳香族聚酰胺纤维全球生产专利技术内容分布

共515项,其中涉及生产的为147项,涉及应用的368项。由于应用技术研究落后、产品开发缺乏主动性,生产专利申请多集中在单一化的纤维制备上,差别化

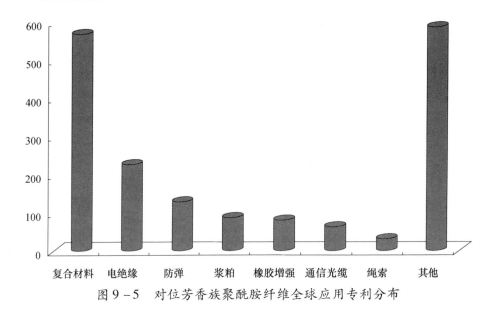

图 9-5　对位芳香族聚酰胺纤维全球应用专利分布

对位芳香族聚酰胺纤维专利申请较少。涉及应用的专利申请中,各应用领域分布与全球应用专利分布大致相同,复合材料和电绝缘领域占前两位,总量为54%。不同的是,浆粕领域申请量占17%,而防弹领域申请量占5%(图9-6),与全球趋势不同,一是同样受军事保密等因素影响,二是我国虽然较早开始对位芳香族聚酰胺纤维防弹领域的应用研究,但是大部分产品采用进口,批量应用较少。

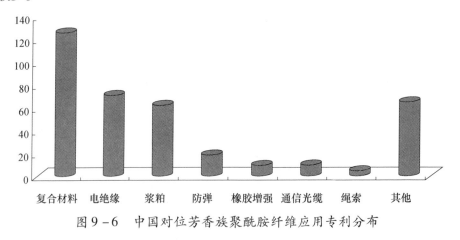

图 9-6　中国对位芳香族聚酰胺纤维应用专利分布

4. 主要申请人

全球对位芳香族聚酰胺纤维的主要申请人是美国杜邦和日本帝人。无论是生产工艺还是具体应用,这两个申请人都占有绝对优势[1]。日本东丽和旭化成株式会社的申请量排在杜邦和帝人之后,韩国可隆虽然于2005年实现商业化生产,但其专利申请量不多。按照对位芳香族聚酰胺纤维商标品牌的影响力,分别将国外品牌 Kevlar® 和 Twaron®,以及国内品牌 Taparan® 的生产企业作为重要申请人进行分析。

美国杜邦成立于1802年,是以提供可持续发展产品和服务为目标的科技型企业。1966年,杜邦科学家 S. L. Kwolek 发明了液晶纺丝技术[2],可以获得断裂强度和模量极高的纤维,为对位芳香族聚酰胺纤维的商业化生产奠定基础。1972年,美国杜邦成为世界上最早实现对位芳香族聚酰胺纤维商业化生产的企业,其品牌为 Kevlar®。由于 Kevlar® 的优异性能,及在高端领域如航空航天、火箭、军工装备等的应用,杜邦不断扩大 Kevlar® 的产能,开发差别化新品种,并加强其在应用领域的研究。针对不同的应用领域开发出不同的商品牌号,抢占世界市场。从专利申请的时间布局上看,杜邦 Kevlar® 专利的申请量随着专利保护的生命周期而变化[1]。专利申请的第一个高峰出现在1970年左右,此阶段杜邦将前期液晶纺丝技术的新成果进行转化,正在筹建 Kevlar® 的大规模产业化;第二个高峰和第三个高峰是1990年左右以及2010年左右,均是因为前20年的专利保护周期结束。其中,新申请中的生产专利通过引用在先专利技术及产品进行保护,新申请专利中应用专利范围也不断扩大。为了确保芳香族聚酰胺纤维技术和市场在全球的垄断地位,杜邦公司先后对荷兰阿克苏(1981年)和韩国可隆公司(2009年)提起侵犯知识产权和商业秘密诉讼,索赔金额高达10亿美元,可见其对 Kevlar® 相关知识产权保护的重视程度。

日本帝人成立于1918年,是以高性能纤维及复合材料、电子材料及化学品、医药医疗用品等为主营业务的全球性大集团。其对位芳香族聚酰胺的业务,是于2001年收购的世界上第二个实现商业化的荷兰阿克苏 Twaron® 品牌。从专利申请趋势来看,帝人有关对位芳香族聚酰胺纤维的专利申请量在2001年以后迅速增长[1],说明其有关对位芳香族聚酰胺纤维技术力量的生产技术和应用技术投入都比较大。日本帝人对 Twaron® 知识产权的保护,迅速扩大了其在全球市场的占有规模。目前,除美国杜邦外,日本帝人对位芳香族聚酰胺纤维产能排名世界第二。

国内从事芳香族聚酰胺纤维生产工艺和应用技术研发的有东华大学、苏州大学、中蓝晨光、烟台泰和和国能腾飞科技有限公司。从事生产技术研发的多为研究机构,相关专利申请多为研究机构推动,如东华大学、苏州大学等。与美国和日本等发达国家相比,我国以企业为申请人的生产专利较少,一方面说明我国目前对位芳香族聚酰胺纤维的生产企业实力相对较弱;另一方面由于生产企业与下游商业化应用的联系较为紧密,也限制了我国对位芳香族聚酰胺纤维应用领域的研发进展。从事应用领域关键技术研发和专利申请的有华南理工大学、天津华之阳特种线缆有限公司。华南理工大学专利申请涉及对位芳香族聚酰胺纤维纸的研究和应用,天津华之阳特种线缆有限公司专利申请涉及对位芳香族聚酰胺纤维在线缆中的应用。

目前,我国的 Taparan® 品牌对位芳香族聚酰胺纤维已经在国内市场具备一定的影响力,正在有计划地向国外市场推广。其生产企业烟台泰和是我国较早成立的高性能纤维生产基地,最早以氨纶长丝为主营业务,于 21 世纪之后开始发展芳香族聚酰胺纤维业务。烟台泰和于 2004 年开始对位芳香族聚酰胺纤维的研究,2008 年实现 100t/年的中试产业化,2011 年成功投产 1000t/年对位芳香族聚酰胺纤维生产线。其专利申请趋势(图 9-7)保持稳定,但是在早期研发阶段无相关申请专利。从烟台泰和全部的专利申请累积量来看,对位芳香族聚酰胺纤维相关专利呈逐年递增趋势;从申请时间来看,其最早的专利申请在 2006 年,说明 2006 年以前,企业整体对知识产权保护的重视程度不高;从申请领域来看,在纤维原料领域申请量有 3 项,纤维生产领域申请量有 6 项,下游应用技术及产品领域有 12 项,可以看出烟台泰和除了关注对生产工艺的知识产权保护之外,还注重发展产业链,尤其是下游应用技术的开发,其产品开发策略与杜邦早期类似。

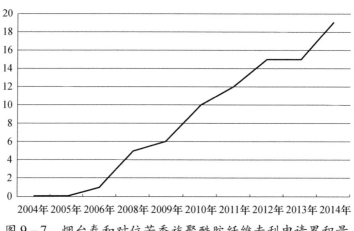

图 9-7 烟台泰和对位芳香族聚酰胺纤维专利申请累积量

9.1.1 生产专利

根据全球和中国对位芳香族聚酰胺纤维的不同发展阶段,参考重要申请人,选取代表性生产专利进行分析。对位芳香族聚酰胺纤维生产专利主要涉及原料制备、纤维生产工艺以及纤维改性等。

9.1.1.1 原料制备专利技术

对位芳香族聚酰胺纤维的主要原料为对苯二胺和对苯二甲酰氯,辅助生产原料有浓硫酸、NMP、$CaCl_2$ 等。其原料制备专利主要涉及聚对苯二甲酰对苯二胺合成及硫酸浓度提升技术。

WO1995021883 专利要求保护采用间歇法制备聚对苯二甲酰对苯二胺的技术。该技术方法是先将 NMP、$CaCl_2$ 在反应器外混合,然后将混合物加入反应器,接着将 PPD 加入反应器内与原混合物充分反应;待反应器温度降至 0 ~ 10℃ 时,添加 TDC,合成 PPTA。该技术提供了一种能够规模化制备 PPTA 的方法。

CN1029930378 专利要求保护聚对苯二甲酰对苯二胺聚合溶剂废水中 NMP 提纯的方法。通过两次提纯后加入有异氰酸基官能团的有机物溶液,过滤、蒸馏,得到高纯度 NMP。该技术提供了一种聚对苯二甲酰对苯二胺聚合溶剂循环利用的方法。

WO2012069270 专利要求保护提高浓硫酸溶液浓度的方法。该技术提供了一种制备浓度大于 90% 的浓硫酸的方法,该浓硫酸可用于溶解聚对苯二甲酰对苯二胺,制备液晶纺丝溶液。

9.1.1.2　纤维生产及改性技术

杜邦自 1958 年至 2014 年 6 月 20 日,累计申请对位芳香族聚酰胺纤维专利(美国专利局)405 项。其生产专利涉及低温溶液聚合、液晶纺丝和干喷湿纺技术。1983 年以前,全球专利申请处于技术萌芽期,这期间以杜邦对位芳香族聚酰胺纤维生产专利最具代表性。随着 KEVLAR 的问世,典型专利有 US3767756A、US3869430A、US4070326A、US4183895A[1] 等。

US3767756A 专利要求保护制备芳香族聚酰胺纤维或膜的干喷湿纺过程,通过该过程制得的长丝强度至少 15g/D,模量至少 300g/D。

US3869430A 专利要求保护制备高强高模对位芳纶长丝的方法,通过该过程制得的高强高模对位芳纶长丝强度至少 22g/D,初始模量至少 900g/D。主要用应用在航空航天领域。

US4070326A 专利要求保护采用至少 99.5% 的浓硫酸制备对位芳香族聚酰胺纤维纺丝溶液的方法。

US4183895A 专利要求保护一种提高纤维强度的方法,适用于对位芳香族聚酰胺纤维。

另外,US4698414A、US5302451A、US5422142A[1] 等专利涉及纤维改性,包含表面处理、染色等。

可以看出,在技术萌芽期,杜邦对其对位芳香族聚酰胺纤维的生产工艺的保护是比较全面的,涉及纺丝溶液、纺丝过程及通过工艺改善纤维性能的方法等。

截至 2014 年 6 月 14 日,日本帝人共申请芳香族聚酰胺纤维专利 618 项。日本帝人在 1983 年以前处于对位芳香族聚酰胺纤维的研发起步阶段,申请量较少。其生产专利的申请主要集中在 1984 年以后对位芳香族聚酰胺纤维专利发展的技术成熟期,这也与日本帝人于 1987 年实现 Twaron® 的产业化生产有关。其代表性专利有 JP63145412(生产对位芳纶纤维的方法)、JP63145416(对位芳香族聚酰胺纤维)、JP632355219(制备对位芳香族聚酰胺纤维的方法)等。

中国早期生产专利以研究型机构申请为主,企业申请人较少。烟台泰和由于产业化时间出现在对位芳香族聚酰胺纤维专利发展期的全面应用期,目前,典型的代表性生产专利有 CN200810225081、CN200810225083、CN 200910259775、CN 200910259776 等,涉及对位芳香族聚酰胺纤维的实验室及工业化制备方法、改善纤维性能的工艺以及生产过程溶剂回收等。可以看出,烟台泰和在对位芳香族聚酰胺纤维的研发涉及较为全面,专利申请范围与美国杜邦公司早期相似,但技术水平仍存在差距。

9.1.2 应用专利

1984 年以后,对位芳香族聚酰胺纤维专利发展的技术成熟期[1],在此阶段,美国杜邦公司开始对位芳香族聚酰胺纤维在应用领域的研究,如复合增强、防弹、防切割等,其代表性专利有 WO0037876A、WO2004018754A1 等。

日本帝人公司是在技术成熟期后期也就是 2000 年左右,才增加了对位芳香族聚酰胺纤维在应用领域的研究,此阶段代表性专利有 JP2001200458A、JP200123389A、JP20012227076A。美国杜邦公司和日本帝人公司在复合增强应用领域的研究一直是重点。

烟台泰和自 2011 年实现产业化以来,除了加强在生产工艺方面的专利申请,也开始逐步转向下游应用领域的研究,代表性专利有 CN201210571193.7、CN201210568332.0、CN201410051787 等,应用领域主要围绕复合材料成形方法及其制品。

9.1.2.1 防弹领域专利技术

对位芳香族聚酰胺纤维最早的应用是防弹领域,受军事保密等因素影响,一直到 1989 年左右,防弹相关专利技术才陆续公开。

US4850050 专利首次公开了一种由层叠芳纶织物制成的防弹衣。该专利技术发明了一种采用单丝线密度为 1.46dtex、1.12dtex 或者 0.84dtex,总线密度为 850dtex 或者 1100dtex 的长丝制成的织物,经层叠加工制成的防弹衣。经测试,单丝线密度为 1.12dtex 的织物比 1.46dtex 的织物防弹性能提高 5%。

WO1993000564 专利保护一种由对位芳香族聚酰胺纤维制备的防弹结构。该专利技术采用强度大于 23g/d,模量大于 60023g/d,伸长至少 4.0% 的对位芳香族聚酰胺长丝经加工制成的织物经层叠制备组成防弹结构。

WO2002084202 专利发明了一种由两层平行纱线组成的多轴向防弹织物结构。该织物结构的每一层由两组平行纱线构成,一组纱线与另一组纱线交叉叠放,交叉角度在 0°~40°。利用该专利技术,采用 930dtex 对位芳香族聚酰胺纤维制成的防弹结构,经测试其背面变形小于 44mm,远远好于采用其他纤维。

上述典型的防弹领域应用专利技术均是由美国杜邦公司申请,可见其对对位芳香族聚酰胺纤维防弹领域应用的重视程度。国内虽然也较早开发对位芳香族聚酰胺纤维产品,但是由于军事保密等因素影响,未见专利报道。民用领域虽然有相关防弹产品专利,但均不涉及核心技术。美国杜邦公司仍然掌握着防弹用对位芳香族聚酰胺纤维产品的知识产权核心,要增加我国国防实力,赶超发达国家水平,我国必须尽快加大对位芳香族聚酰胺纤维防弹领域的研发力量。

9.1.2.2　橡胶领域专利技术

对位芳香族聚酰胺纤维在橡胶领域应用的专利技术主要集中在轮胎增强方面。

JP5032103 专利提供了一种由对位芳香族聚酰胺纤维帘布做增强层的自动二轮车轮胎。该专利技术发明的轮胎操纵稳定性以及耐振动性较好。

WO1997006297 专利发明了一种帘子线增强橡胶的制造方法。该方法采用TWARON 长丝与尼龙组成的帘子线,做橡胶的增强层。

US20110005655 专利发明了一种采用对位芳香族聚酰胺纤维作为增强材料组成的侧边增强轮胎。该技术发明的轮胎其耐穿刺性、耐振动性较好,行驶距离较长。

国内早期对位芳香族聚酰胺纤维在橡胶增强领域的应用专利,如CN200880118473、CN90101347 等均是国外申请人。2008 年以后,由于对位芳香族聚酰胺纤维在橡胶领域的应用范围及用量日渐扩大,国内也不断加强了研发力度,此阶段典型专利如 CN101905628A、CN202098238U、CN101440176A 等申请人均是国内申请人。

9.1.2.3　其他应用领域专利技术

除了在防弹领域和橡胶增强领域的重要应用外,对位芳香族聚酰胺纤维在浆粕领域、光缆领域、电缆领域等也有比较成熟的应用。相关专利技术涉及对位芳香族聚酰胺纤维浆粕制造方法、光纤光缆技术、电缆相关产品技术、绳索产品及其他复合材料专利技术等。

US4511623 专利发明了一种直径 2~12μm、长度 1000~5000μm,具有一定结晶度的芳香族短纤维。利用该技术生产的浆粕状短纤维具有高强度、高模量的优异特性。

CA2567363 专利发明了一种增强材料用纤维素纤维与对位芳纶混合浆粕的生产方法。采用该方法制成的浆粕可用于钢筋增强或者摩擦材料增强领域。

CA2629750 专利发明了一种含有间位芳香族聚酰胺纤维的对位芳香族聚酰胺纤维浆粕生产方法。采用该方法制成的浆粕可用于摩擦材料、流体密封材料或者造纸领域。

CN101457405 专利公开了一种纯对位芳香族聚酰胺纤维浆粕的制备方法。采用该技术可实现对位芳香族聚酰胺浆粕的工业化生产。

JP2000199840 专利发明了一种光缆用对位芳香族聚酰胺纤维树脂增强材料的制备方法及产品。该发明制备的产品重量轻、强度高、传输距离远。

CN1794020 专利发明了一种芳纶增强材料的室内光缆生产方法。该方法解决了提供一种既能保持 SZ 绞合时的节距，又能使护套不打滑和在除去护套后缆芯能自然分线以利于光缆的施工和接续而有效地提高工作效率。

US20120328253 专利发明了一种多芯光纤及其增强组件的生产方法。该方法采用对位芳香族聚酰胺纤维做增强组件。

CN102839480 专利提供了一种提高对位芳纶纤维在光缆增强中强度利用率的方法。

CA2268829 专利发明了了一种输送电缆的制造方法。该技术利用了对位芳香族聚酰胺纤维耐高温、低伸长、高强度的特点。

CN103871580A 专利发明了一种海洋探测用的高漂浮性能拖曳电缆，该电缆的加强层采用对位芳香族聚酰胺纤维。

CN1519433 专利公开了芳纶索在工程中的应用，尤其是在体外预应力桥梁加固工程中的应用。该专利技术说明芳纶索是一种高效防腐和抗疲劳性能好的材料，是一种优质、高效、低成本的理想体外索，采用芳纶索体外预应力对桥梁进行加固具有良好的效果和经济价值。芳纶索是目前最理想的体外预应力材料体系。

US20090314584 专利涉及减轻电梯负载的方法。该专利技术通过采用对位芳香族聚酰胺纤维绳替代传统钢丝绳的方法，保持高强度的张力，减轻电梯负载。

由于对位芳香族聚酰胺纤维优异的高性能，全球各国都加强其在不同应用领域的研发，通过对应用技术的知识产权保护，发展本国对位芳香族聚酰胺纤维应用市场。中国对位芳香族聚酰胺纤维专利保护的重点除了核心生产技术外，更要加强应用领域的研发技术保护，通过对下游市场的专利保护，巩固和发展中国对位芳香族聚酰胺纤维行业。当前，国家大力推进知识产权贯标工作，国内对位芳香族聚酰胺纤维企业应积极重视，利用知识产权保护，加强核心对位芳香族聚酰胺技术研究，提高企业和产品的科技水平。

9.2　标准

标准是经由知识产权带动发展形成的,经公认权威机构批准的一整套在特定范围内必须执行的规格、规则、技术要求等规范性文献。标准能够规范生产、设计、管理、产品检验、商品流通、科学研究,在一定条件下具有法律约束力,体现了某段时期的科技发展水平。对位芳香族聚酰胺纤维因其原料来源及产品的高性能,在国际上归属于石油化工行业和复合材料增强领域,其标准多集中在复合材料增强方面。20 世纪 50 年代,中国化纤行业开始起步,由于化纤在当时主要用于纺织加工,解决人们的吃穿住行问题,化纤归口于中国纺织部管理,因而以合成高聚物为原料的对位芳香族聚酰胺纤维中国标准集中在化纤纺织及其下游复合增强领域。

从全球范围看,对位芳香族聚酰胺纤维的技术标准经历了三个阶段:一是标准空白阶段(1996 年以前),对位芳香族聚酰胺纤维的技术核心由美国和日本等发达国家掌握,其产品基本占据了全球市场,仅有美国、日本两个国家制定的本国标准,其他国家涉及应用标准的制定,未发展成为国际标准;二是标准发展阶段(1996—2005 年),随着对位芳香族聚酰胺纤维在下游应用领域的研究大范围开展,迫切需要国际标准化组织建立标准,规范全球行业秩序,此阶段国际标准化组织(ISO)以及国际电工委员会(IEC)相继建立标准;三是标准应用普及阶段(2005 年至今),对位芳香族聚酰胺纤维全球需求量逐渐增加,韩国、中国等相继实现产业化,全球范围内的国际标准制定越来越多。

对位芳香族聚酰胺纤维中国标准的出现于 1987 年,远早于产业化的时间,说明其进入中国市场的时间较早。2005 年以前,中国对位芳香族聚酰胺纤维标准主要集中在军用和航空航天领域;2005 年以后,随着中国产业化的实现,开始逐渐建立以国产对位芳香族聚酰胺纤维性能和应用为基础的国家和行业标准。

综合国际和国内标准(表 9 - 2)可以发现,中国虽然起步较晚,但是相关标准数量远远大于国际标准。一方面是由于中国标准分类体系较多,标准涉及不同行业;另一方面也体现了中国标准化带动产业发展的思路。

表 9 - 2　对位芳香族聚酰胺纤维国际和国内标准数量对比

标准类型	ISO 标准	IEC 标准	ASTM 标准	中国标准
现行标准数量/项	15	10	57	37
标准涉及内容	产品、试验方法及复合和材料	印制电路板、电线、绝缘纸产品及试验方法	产品性能及其复合材料试验方法	产品、试验方法及复合材料

9.2.1 产品标准

鉴于全球各个标准化组织机构职能范围的不同,目前只有欧洲标准和中国标准涉及产品及其技术规范,另有通用性较为广泛的 ASTM 方法标准用以检测产品,见表9-3。可以看出,欧美发达国家产品标准的建立时间较早,中国的产品标准需要产业化以后经过市场验证才形成产品标准。

表9-3　目前全球主要的对位芳香族聚酰胺纤维产品标准

序号	标准类别	标准号	标准名称
1	欧洲标准	EN 12562:1999	Textiles – Para – aramid multifilament yarns – Test methods
2	欧洲标准	EN 13003 – 1:1999	Para – aramid fibre filament yarns – Part 1:Designation
3	欧洲标准	EN 13003 – 2:1999	Para – aramid fibre filament yarns – Part 2:Methods of test and general specifications
4	欧洲标准	EN 13003 – 3:1999	Para – aramid fibre filament yarns – Part 3:Technical specifications
5	美国标准	ASTM D7269/ D7269M – 11	Standard Test Methods for Tensile Testing of Aramid Yarns
6	中国标准	GJB 348—1987	芳纶复丝拉伸性能测试方法 浸胶法
7	中国标准	GJB 993—1990	芳纶纤维拉伸性能试验方法 不浸胶法
8	中国标准	FZ/T 54076—2014	对位芳纶(14114)长丝

国际标准是专门的标准化组织负责起草和编制的,不存在企业起草人。而中国标准制修订是由各行业主要生产和使用单位提出,在一定程度上反映了中国以部分企业为代表的行业的技术水平。

对位芳香族聚酰胺纤维的产品标准 FZ/T 54076—2014 主要起草人为烟台泰和,标准中反映了目前我国对位芳香族聚酰胺纤维长丝能达到的技术水平。其中,将对位芳香族聚酰胺纤维长丝分为高强型、普通型、高模型三种型号,与国外品牌的分类大致相似,但是缺少高伸长型。目前,河北硅谷正在进行高伸长型对位芳纶长丝的研发,研究进度不详。标准中高强型产品指标达到 23.5cN/dt-ex,说明我国高等级对位芳香族聚酰胺纤维已达到国外同等水平。但是,据了解目前仅有烟台泰和能够批量生产此类产品,中蓝晨光、苏州兆达等正在研发当中。标准中涉及的对位芳香族聚酰胺纤维测试方法,与国家标准相一致,部分采用国际标准。由于部分国家标准制修订时,国内尚无对位芳香族聚酰胺纤维生产企业,其适用范围虽然涵盖芳纶,但是部分试验条件不适用于对位芳香族聚酰胺纤维。中国需加快研制对位芳香族聚酰胺纤维专用的方法标准。等效采用国际标准试验方法,将大大缩短我国对位芳香族聚酰胺纤维的标准化进程。

9.2.2　应用标准

对位芳香族聚酰胺纤维的应用标准多见于欧美地区,虽然中国产业化时间较晚,但在部分应用领域,因采用国外进口对位芳香族聚酰胺纤维,也较早有应用标准的出现。主要应用标准见表9-4。

表9-4　目前主要的对位芳香族聚酰胺纤维应用国际和中国标准

序号	标准类别	标准号	标准名称
1	国际电工委员会标准	IEC 60317-52—2014	Specifications for particular types of winding wires – Part 52: Aromatic polyamide (aramid) tape wrapped round copper wire, temperature index 220
2	国际电工委员会标准	IEC 60819-3-4—2013	Non – cellulosic papers for electrical purposes – Part 3: Specifications for individual materials – Sheet 4: Aramid fibrepaper containing not more than 50 % of mica particles
3	国际电工委员会标准	IEC 60819-3-3—2011	Non – cellulosic papers for electrical purposes – Part 3: Specifications for individual materials – Sheet 3: Unfilled aramid (aromatic polyamide) papers
4	国际电工委员会标准	IEC 60819-3-4—2001	Non – cellulosic papers for electrical purposes – Part 3: Specifications for individual materials; Sheet 4: Aramid fibre paper containing not more than 50 % of mica particles
5	国际电工委员会标准	IEC/PAS 62326-14—2010	Printed boards – Part 14: Device embedded substrate – Terminology / reliability / design guide
6	国际电工委员会标准	IEC 61249-2-12—1999	Materials for printed boards and other interconnecting structures – Part 2 – 12: Sectional specification set for reinforced base materials, clad and unclad – Epoxide non – woven aramid laminate of defined flammability, copper – clad
7	国际电工委员会标准	IEC 61249-2-13—1999	Materials for printed boards and other interconnecting structures – Part 2 – 13: Sectional specification set for reinforced base materials, clad and unclad – Cyanate ester non – woven aramid laminate of defined flammability, copper – clad
8	国际电工委员会标准	IEC 61629-1—1996	Aramid pressboard for electrical purposes – Part 1: Definitions, designations and general requirements
9	国际标准化组织	ISO 23933—2006	Aerospace – Aramid reinforced lightweight polytetrafluoroethylene (PTFE) hose assemblies, classification135 °C/20.684 kPa (275 °F/3.000 psi) and 135 °C/21.000 kPa (275 °F/3.046 psi) – Procurement specification

（续）

序号	标准类别	标准号	标准名称
10	英国标准	BS F 143—1993	Specification for para‑aramid braided cords for aerospace purposes
11	德国标准	DIN 65427‑2—1999	Aerospace; aromatic polyamide (aramid); fabric woven from high‑modulus filament yarn; technical specification
12	德国标准	DIN 65356—1988	Aerospace; aromatic polyamide (aramid); high tenacity aramid filament yarns
13	德国标准	DIN 65426—1989	Aerospace; aromatic polyamide (aramid); woven filament fabric prepreg from high‑modulus filament yarn and epoxy resin
14	德国标准	DIN 65571‑4—1992	Aerospace; reinforcement fibres; determination of filament diameter of filament yarns
15	美国标准	ASTM D646—13	Standard Test Method for Mass Per Unit Area of Paper and Paperboard of Aramid Papers (Basis Weight)
16	美国标准	ASTM D885—2010	Standard Test Methods for Tire Cords, Tire Cord Fabrics, and Industrial Filament Yarns Made from Man Made Organic Base Fibers
17	美国标准	ASTM A885/A885M—96(2002)	Standard Specification for Steel Sheet, Zinc and Aramid Fiber Composite Coated for Corrugated Steel Sewer, Culvert, and Underdrain Pipe
18	中国标准	HB 5435—1989	NH‑1 芳纶纸蜂窝芯材
19	中国标准	GJB 1874—1994	飞机结构用芳纶纸基蜂窝芯材规范
20	中国标准	GJB 2371—1995	芳纶复合材料球形容器规范
21	中国标准	GJB 3029—1997	军用芳纶带规范
22	中国标准	GJB 3939—2000	军用芳纶绸规范
23	中国标准	GJB 3945—2000	芳纶/环氧树脂预浸料规范
24	中国标准	GJB 5106—2002	碳纤维复合材料/芳纶纸蜂窝夹层板和夹层件通用规范
25	中国标准	WJ 2568—2002	坦克车辆用 FC‑017 芳纶夹层板规范
26	中国标准	JT/T 531—2004	桥梁结构用芳纶纤维复合材料
27	中国标准	GJB 5510—2005	军用芳纶绳、线规范
28	中国标准	GB/T 2576—2005	纤维增强塑料树脂不可溶分含量试验方法
29	中国标准	GB/T 21491—2008	结构加固修复用芳纶布
30	中国标准	YD/T 1181.2—2008	光缆用非金属加强件的特性第 2 部分:芳纶纱
31	中国标准	JB/T 7759—2008	芳纶纤维、酚醛纤维编织填料技术条件

（续）

序号	标准类别	标准号	标准名称
32	中国标准	YD/T 1181.3—2011	光缆用非金属加强件的特性第3部分:芳纶增强塑料杆
33	中国标准	HB 20034—2011	芳纶-铝合金层板规范
34	中国标准	HG/T 4393—2012	V带和多楔带用浸胶芳纶线绳
35	中国标准	GB/T 30311—2013	浸胶芳纶纱线、线绳和帘线拉伸性能的试验方法

对位芳香族聚酰胺纤维国际标准主要集中在航空航天、电工电子等领域,用作电绝缘、复合增强材料。而中国应用标准分布较为广泛,涉及军用和民用领域,涵盖军工装备、航空航天、通信以及建筑和化工领域,主要用作复合增强材料。

已发布的对位芳香族聚酰胺纤维应用领域的国家和行业标准中,除军用标准外,烟台泰和参与2项,其他标准均为下游应用企业主要起草。从发布时间来看,除烟台泰和参与的两项标准之外,其他标准均是在我国对位芳香族聚酰胺纤维产业化之前起草。由此,可以看出我国对位芳香族聚酰胺纤维应用标准的原材料是以国外进口品牌指标为基础的,说明进口品牌对位芳香族聚酰胺纤维在我国的应用较早,应用技术水平受制于进口品牌的指标。因此,加快对位芳香族聚酰胺纤维的应用研究,建立相关标准,实现应用标准带动上游技术发展,是对位芳香族聚酰胺纤维标准化发展的当务之急。

我国《标准化事业发展"十二五"规划》中明确提出:研制碳纤维、芳纶、超高分子量聚乙烯纤维、聚苯硫醚纤维、聚酰亚胺纤维、芳砜纶技术标准及配套方法标准;开展风电叶片、汽车、航空航天、智能电网、环保设施用纤维复合材料技术标准的研究。只有加大国产对位芳香族聚酰胺纤维在国内市场的保护力度,发展国产对位芳香族聚酰胺纤维及其应用的标准化水平,才能提高我国对位芳香族聚酰胺纤维行业的整体技术水平。

参 考 文 献

[1] 杨铁军. 产业专利分析报告(第14册)——高性能纤维[M]. 北京:知识产权出版社,2013.

[2] 李晔. 对位芳纶的发展现状、技术分析及展望[J]. 合成纤维,2009(9):5-10.

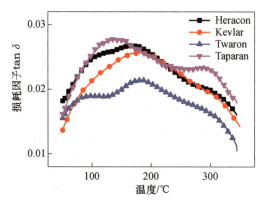

图 4 - 6　芳纶纤维损耗因子与温度的关系

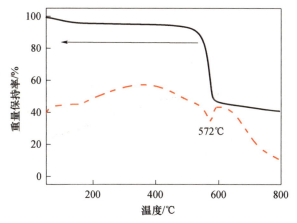

图 4 - 7　芳纶纤维 DTA 曲线

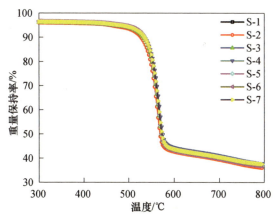

图 4 - 8　7 种不同强度的芳纶纤维 TGA 曲线（N_2）

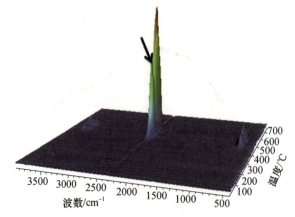

图 4-10 热降解过程的 FTIR(空气)

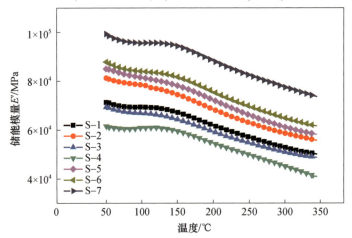

图 4-11 7 种不同强度的芳纶纤维的 DMA 曲线

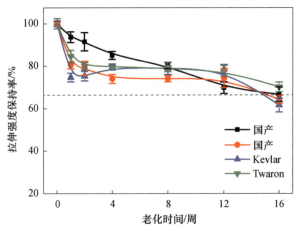

图 4-13 国内芳纶纤维的热氧老化(150℃)

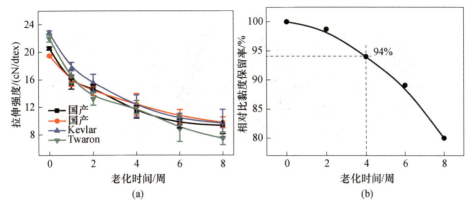

图 4-14　芳纶纤维光老化过程的拉伸强度和分子链演变的规律

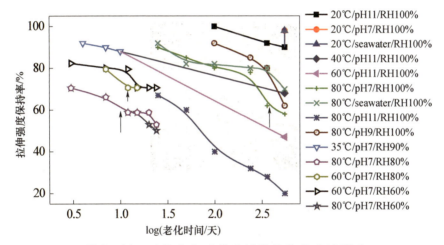

图 4-16　湿热老化对芳纶纤维拉伸强度的影响

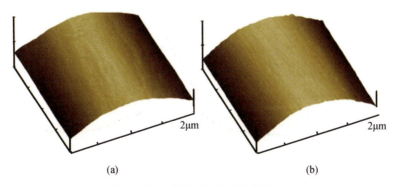

图 4-18　芳纶纤维的水解机理

（a）未老化；（b）90℃，老化12周。

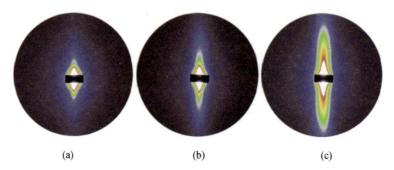

图 4 – 20 湿热老化前后芳纶纤维的 2D-SAXS 图

(a)原样;(b)90℃,老化 4 周;(c)90℃,老化 12 周。

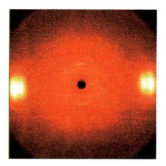

图 5 – 5 芳纶纤维的 2D-XRD 图

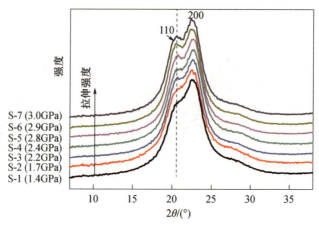

图 5 – 17 不同拉伸强度的芳纶纤维的 XRD 曲线

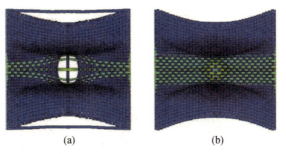

(a)　　　　　　　(b)

图 6-5　静态摩擦系数为 0 和 0.5 时,12μs 的应变云图

(a)μ=0;(b)μ=0.5。

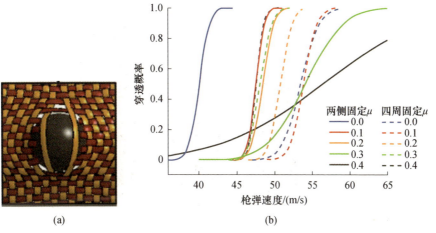

(a)　　　　　　　　　　(b)

图 6-6　两侧固定的织物的变形情况

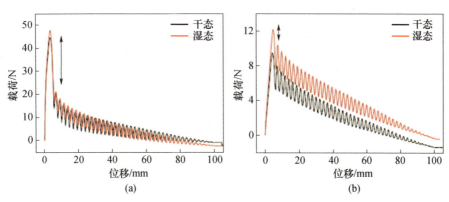

(a)　　　　　　　　　　(b)

图 6-7　不同松紧度织物的干、湿态拔出曲线

(a)摩擦力高的织物;(b)摩擦力低的织物。

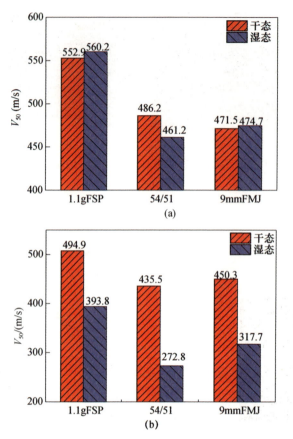

图 6-8　两种不同松紧度的织物干、湿态下的防弹性能比对
(a)HF 枪弹；(b)LF 枪弹。

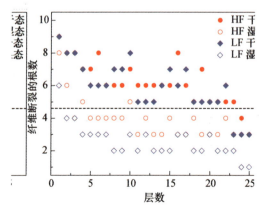

图 6-9　干态和湿态下，HF 和 LF 织物弹击各层纤维断裂的根数

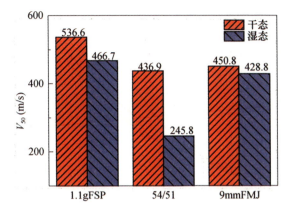

图 6 - 10　干态和湿态下,LF 织物拒水整理后的防弹性能

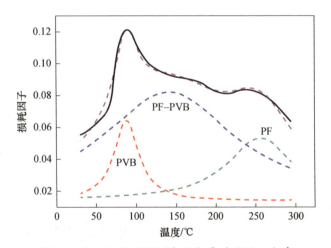

图 6 - 16　酚醛-PVB 树脂体系的 DMA 曲线

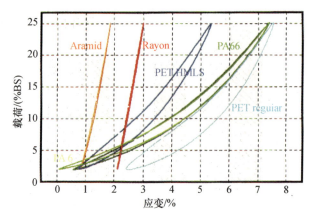

图 7-2 循环应力试验第 90 次时的滞回曲线

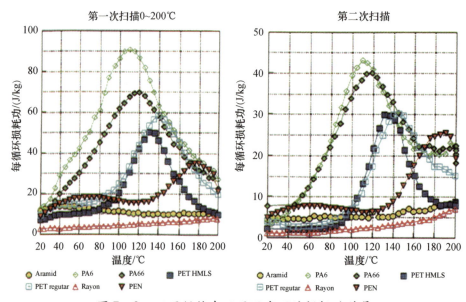

图 7-3 不同纤维在不同温度下的损耗功差异

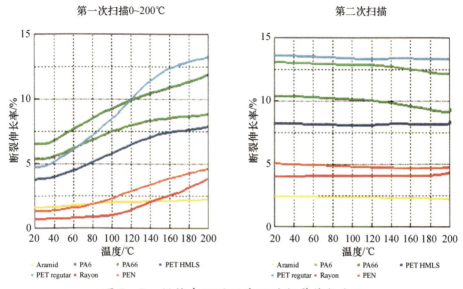

第一次扫描0~200℃   第二次扫描

图 7-7　纤维在不同温度下的断裂伸长变化

图 7-14　子午线轮胎结构图

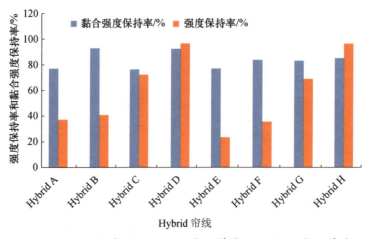

图 7−19　耐疲劳试验后的强度保持率与黏合强度保持率

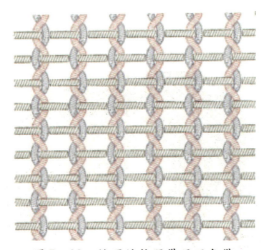

图 7−20　纱罗结构冠带层用条带

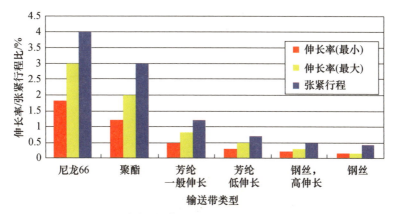

图 7-24　不同骨架材料的张紧行程和最大最小张力差异

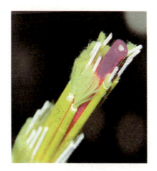

图 8-1　对位芳香族聚酰胺纤维增强光缆实物

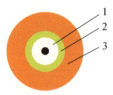

图 8 - 2　单芯跳线缆截面图

1—紧套光纤;2—芳纶加强件;3—PVC 护套。

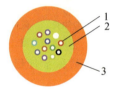

图 8 - 3　多芯室内光缆截面图

1—紧急护套;2—芳纶加强件;3—PVC 护套。

图 8 - 4　中心管式光缆截面图

1—光纤;2—套管填充物;3—松套管;
4—芳纶加强件;5—聚乙烯护套。